KB090412

조리능력 향상의 길잡이

한식조리

전·적

한혜영·박선옥·성기협·신은채 공저

B (주)백산출판사

머리말

과학기술의 발달은 사회 변동을 촉진하고 그 결과 사회는 점점 빠르게 변화되고 있다.

사회가 발달하고 경제상황이 좋아짐에 따라 식생활문화는 풍요로워졌고, 음식문화에 대한 인식변화를 가져오게 되었다.

음식은 단순한 영양섭취 목적보다는 건강을 지키고 오감을 만족시켜 행복지수를 높이며, 음식커뮤니케이션의 기능과 함께 오락기능을 더하고 있다.

이에 전문 조리사는 다양한 직업으로 분업화·세분화되어 활동하게 되는데, 그 인기도는 조리 전문 방송 프로그램이 많아진 것을 보면 쉽게 알 수 있다.

현재 우리나라는 국가직무능력표준(NCS: national competency standards)을 개발하여 산업현장에서 직무를 수행하기 위해 요구되는 지식, 기술을 국가적 차원에서 표준화하고 있다.

이 책은 조리의 기초적인 부분부터 조리사가 알아야 하는 전반적인 내용을 담고 있어 산업현장에 적합한 인적자원 양성에 도움이 되는 전문서가 될 것으로 생각하며, 조리능력 향상에 길잡이가 될 것으로 믿는다.

왜냐하면 특급호텔인 롯데와 인터컨티넨탈에서 15년간의 현장 경험과 15년의 교육 경력을 바탕으로 정확한 레시피와 자세한 설명을 곁들여 정리하였기 때문이다.

조리학문 발전을 위해 노력하신 많은 선배님들께 감사드리며, 늘 배려를 아끼지 않으시는 백산출판사 사장님 이하 직원분들께 머리 숙여 깊은 감사를 드린다.

조리인이여~
넓은 세상을 보고 많은 꿈을 꾸며, 희망을 가지고 남다른 노력을 한다면, 소망과 꿈은 이루어지리라.

대표저자 **한혜영**

CONTENTS

NCS – 학습모듈   8

🌼 한식조리 전·적 이론

전   18
적   21

🌸 한식조리 전·적 실기

애호박전   24
단호박전   28
깻잎전   32
양파전   36
오징어전   40
감자전   44
부추전   48
메밀전   52
파전   56
녹두전   60
파산적   64
꽈리고추산적   68
새송이버섯산적   72
장산적   76
사슬적   80
김치적   84
화전   88

○ 한식조리기능사 실기 품목

풋고추전   94

표고전   98

생선전   102

육원전   106

섭산적   110

화양적   114

지짐누름적   118

일일 개인위생 점검표   122

NCS – 학습모듈의 위치

대분류	음식서비스
중분류	식음료조리·서비스
소분류	음식조리

세분류

한식조리	능력단위	학습모듈명
양식조리	한식 위생관리	한식 위생관리
중식조리	한식 안전관리	한식 안전관리
일식·복어조리	한식 메뉴관리	한식 메뉴관리
	한식 구매관리	한식 구매관리
	한식 재료관리	한식 재료관리
	한식 기초 조리실무	한식 기초 조리실무
	한식 밥 조리	한식 밥 조리
	한식 죽 조리	한식 죽 조리
	한식 면류 조리	한식 면류 조리
	한식 국·탕 조리	한식 국·탕 조리
	한식 찌개 조리	한식 찌개 조리
	한식 전골 조리	한식 전골 조리
	한식 찜·선 조리	한식 찜·선 조리
	한식 조림·초 조리	한식 조림·초 조리
	한식 볶음 조리	한식 볶음 조리
	한식 전·적 조리	**한식 전·적 조리**
	한식 튀김 조리	한식 튀김 조리
	한식 구이 조리	한식 구이 조리
	한식 생채·회 조리	한식 생채·회 조리
	한식 숙채 조리	한식 숙채 조리
	김치 조리	김치 조리
	음청류 조리	음청류 조리
	한과 조리	한과 조리
	장아찌 조리	장아찌 조리

한식 전 · 적 조리 학습모듈의 개요

학습모듈의 목표

육류, 어패류, 채소류 등의 재료를 익기 쉽게 썰고 그대로 혹은 꼬치에 꿰어서 밀가루와 달걀물을 입힌 후 기름을 두르고 지져낼 수 있다.

선수학습

한식조리기능사, 식품재료학, 조리원리, 식품위생학

학습모듈의 내용체계

학습	학습내용	NCS 능력단위요소	
		코드번호	요소명칭
1. 전·적 재료 준비하기	1-1. 전·적 재료 준비 및 계량	1301010127_16v3.1	전·적 재료 준비하기
	1-2. 전·적 재료 전처리		
2. 전·적 조리하기	2-1. 전·적 재료	1301010127_16v3.2	전·적 조리하기
	2-2. 전·적 조리		
3. 전·적 담기	3-1. 그릇 선택	1301010127_16v3.3	전·적 담기
	3-2. 전·적 완성		

핵심 용어

전·적, 꼬치, 지지기, 소 만들기

분류번호	1301010127_16v3
능력단위 명칭	한식 전·적 조리
능력단위 정의	한식 전·적 조리란 육류, 어패류, 채소류 등의 재료를 익기 쉽게 썰고 그대로 혹은 꼬치에 꿰어서 밀가루와 달걀물을 입힌 후 기름을 두르고 지져내는 능력이다.

능력단위요소	수행준거
1301010127_16v3.1 전·적 재료 준비하기	1.1 전·적의 조리종류에 따라 도구와 재료를 준비할 수 있다. 1.2 조리에 사용하는 재료를 필요량에 맞게 계량할 수 있다. 1.3 전·적의 종류에 따라 재료를 전처리하여 준비할 수 있다. 【지식】 • 기름 종류와 특성 • 도구종류와 사용법 • 식재료 성분과 특성 • 재료 선별법 • 재료 전처리 방법 【기술】 • 밑간양념을 조절하는 능력 • 신선도 선별 능력 • 조리종류에 따른 썰기 능력 【태도】 • 관찰태도 • 바른 작업 태도 • 반복훈련태도 • 안전사항 준수태도 • 위생관리태도
1301010127_16v3.2 전·적 조리하기	2.1 밀가루, 달걀 등의 재료를 섞어 반죽 물 농도를 맞출 수 있다. 2.2 조리의 종류에 따라 속 재료 및 혼합재료 등을 만들 수 있다. 2.3 주재료에 따라 소를 채우거나 꼬치를 활용하여 전·적의 형태를 만들 수 있다. 2.4 재료와 조리법에 따라 기름의 종류·양과 온도를 조절하여 지져 낼 수 있다. 【지식】 • 기름의 종류·특성 • 밀가루의 특성 • 이미, 이취 제거방법 • 재료의 특성에 따른 적정온도 • 조리과정 중의 물리화학적 변화에 관한 조리과학적 지식

1301010127_16v3.2 전·적 조리하기	【기술】 • 기물, 기기 이용능력 • 재료특성에 따른 조리능력 • 풍미 있게 지져 내는 능력
	【태도】 • 관찰태도 • 바른 작업 태도 • 조리과정을 관찰하는 태도 • 실험조리를 수행하는 과학적 태도 • 안전사항 준수태도 • 위생관리태도
1301010127_16v3.3 전·적 담기	3.1 조리종류와 색, 형태, 인원수, 분량 등을 고려하여 그릇을 선택할 수 있다. 3.2 전·적의 조리는 기름을 제거하여 담아낼 수 있다. 3.3 전·적 조리를 따뜻한 온도, 색, 풍미를 유지하여 담아낼 수 있다.
	【지식】 • 음식의 온도유지 • 조리종류에 맞는 그릇선택 • 조화롭게 담기
	【기술】 • 그릇과 조화를 고려하여 담는 능력 • 조리에 맞는 그릇 선택능력
	【태도】 • 관찰태도 • 바른 작업 태도 • 반복훈련태도 • 안전사항 준수태도 • 위생관리태도

적용범위 및 작업상황

▌고려사항

- 전·적 능력단위는 다음 범위가 포함된다.
  - 전류 : 생선전, 육원전, 호박전, 표고버섯전, 깻잎전, 파전, 묵전, 녹두전, 장떡, 메밀전병 등물
  - 적류 : 섭산적, 화양적, 지짐누름적, 김치적, 두릅산적, 파산적, 떡산적, 사슬적 등
- 적(炙)은 고기를 비롯한 재료를 꼬치에 꿰어서 불에 구워 조리하는 것을 말하며 석쇠로 굽는 직화 구이와 팬에 굽는 간접구이로 구분한다.
- 전·적에 사용하는 기름은 옥수수유, 대두유, 포도씨유, 카놀라유 등 발연점이 높은 기름을 사용한다.
- 한번 사용한 기름은 산화되기 쉬우므로 이물질을 제거하여 적합하게 폐유 처리해야 하며 하수구로 흘려보내서는 안 된다.
- 전·적의 전처리란 다듬기, 씻기, 자르기, 수분 제거하기를 말한다.
- 전의 속 재료는 두부, 육류, 해산물을 다지거나 으깨서 양념한 것을 말한다.
- 전·적을 따뜻하게 제공하는 온도는 70℃ 이상이다.
- 전·적은 초간장을 곁들여 낸다.

▌자료 및 관련 서류

- 한식조리 전문서적
- 조리원리 전문서적, 관련자료
- 식품재료 관련 전문서적
- 식품재료의 원가, 구매, 저장 관련서적
- 안전관리수칙 서적
- 매뉴얼에 의한 조리과정, 조리결과 체크리스트
- 식자재 구매 명세서

- 조리도구 관련서적
- 식품영양 관련서적
- 식품가공 관련서적
- 식품위생법규 전문서적
- 원산지 확인서
- 조리도구 관리 체크리스트

장비 및 도구

- 조리용 칼, 도마, 프라이팬, 용기, 믹서, 계량저울, 계량컵, 계량스푼, 조리용 젓가락, 온도계, 체, 조리용 집게, 타이머, 꼬치 등
- 가스레인지, 전기레인지 또는 가열도구
- 조리복, 조리모, 앞치마, 조리안전화, 행주, 분리수거용 봉투 등

재료

- 육류, 가금류, 어패류, 채소류, 버섯류 등
- 밀가루, 유지류, 달걀, 양념류 등

평가지침

평가방법

- 평가자는 능력단위 한식 전·적 조리의 수행준거에 제시되어 있는 내용을 평가하기 위해 이론과 실기를 나누어 평가하거나 종합적인 결과물의 평가 등 다양한 평가방법을 사용할 수 있다.
- 피평가자의 과정평가 및 결과평가 방법

평가방법	평가유형	
	과정평가	결과평가
A. 포트폴리오	V	V
B. 문제해결 시나리오		
C. 서술형시험	V	V
D. 논술형시험		
E. 사례연구		
F. 평가자 질문	V	V
G. 평가자 체크리스트	V	V
H. 피평가자 체크리스트		
I. 일지/저널		
J. 역할연기		
K. 구두발표		
L. 작업장평가	V	V
M. 기타		

▌평가 시 고려사항

• 수행준거에 제시되어 있는 내용을 성공적으로 수행할 수 있는지를 평가해야 한다.

• 평가자는 다음 사항을 평가해야 한다.

　　– 조리복, 조리모 착용 및 개인 위생 준수능력

　　– 위생적인 조리과정

　　– 식재료 손질 및 준비 과정

　　– 조리순서 과정

　　– 불의 세기와 시간 조절능력

　　– 반죽 배합비율에 따른 농도조절 능력

　　– 기름의 온도조절 및 취급 능력

　　– 조리의 숙련정도

　　– 전·적 조리의 조리능력

　　– 전·적 조리의 완성도

　　– 조화롭게 담아내는 능력

　　– 조리도구의 사용 전, 후 세척

　　– 조리 후 정리정돈 능력

▌직업기초능력

순번	직업기초능력	
	주요영역	하위영역
1	의사소통능력	경청 능력, 기초외국어 능력, 문서이해 능력, 문서작성 능력, 의사표현 능력
2	문제해결능력	문제처리 능력, 사고력
3	자기개발능력	경력개발 능력, 자기관리 능력, 자아인식 능력
4	정보능력	정보처리 능력, 컴퓨터활용 능력
5	기술능력	기술선택 능력, 기술이해 능력, 기술적용 능력
6	직업윤리	공동체윤리, 근로윤리

개발·개선 이력

구분		내용
직무명칭(능력단위명)		한식조리(한식 전·적조리)
분류번호	기존	1301010108_14v2
	현재	1301010127_16v3, 1301010128_16v3
개발·개선연도	현재	2016
	2차	2015
	최초(1차)	2014
버전번호		v3
개발·개선기관	현재	(사)한국조리기능장협회
	2차	
	최초(1차)	
향후 보완 연도(예정)		–

한식조리 전 · 적

이론
&
실기

한식조리
전·적 이론

◆ **전(煎)**

전이라 함은 일반적으로 고기, 채소, 생선 등의 재료를 다지거나 얇게 저며서 밀가루, 달걀로 옷을 입혀 번철에 기름을 두르고 열이 잘 통하게 납작하게 하여 양면을 지져내는 것을 말한다. 지진다는 것은 국물을 조금 붓고 끓여 익히는 지지미와 같은 자(煮)의 뜻도 있지만 여기서는 뜨거운 물건에 재료를 대어 눕게 하는 것이다.

궁중에서는 '전유화(煎油花)'라 적고 '전유어, 전유아'라 읽었으며, 속간(俗間)에서는 저냐, 전, 부침개, 지짐개라고도 하였다. 또한 제수(祭需)이면 간남(肝南)이라고도 하였으며 만드는 방법에 따라서는 동구리라고도 하였다.

제물(濟物)로 쓰이는 전유어를 간남이라고 한 이유는《명물기략(名物紀略)》에 "전유어 속전 제녜, 또 말하기를 간남이 전하여 간납이 되었다. 이것이 간구이의 남쪽에 진설(陳設)하는 수자(羞戴)를 가리켜 말하는 것이다"라고 하였다.

《아언각비》에는 "간남이란 옛날의 자(煮)이다"라고 하였고,《고금석림(1789)》에는 "간남은 오늘날 간적(肝炙)의 남쪽에 놓이기 때문에 간남이라 하고, 이것은 나무그릇에 담는 것으로 이식(酏食)과 같고 삼식(糝食)과도 같다"라고 하였다.

간남이라는 용어가 의궤상에 처음 기록된 것은 1609년《영접도감의궤》의 중국 사신을 위한 조반상에서 간남(어육)으로 기록되어 있고, 1643년에는 조반상에서 좌간남으로 잡두제용(雜頭蹄用), 우간남으로 편두포전(片豆泡煎)의 기록이 보인다.

전에 대한 기록으로는《음식디미방》에서 어패류에 밀가루만을 묻혀 기름에 지진 것을 '어전'이라 하였다. 《요록》에서는 "염포(鹽泡)라 하여 소금물에 삶아서 가늘게 썬 소의 양에 밀가루를 조금 묻혀 지진다"라고 기록된 것으로 보아 1600년대부터 전의 조리법이 발달되었다고 할 수 있다.

《시의전서》의 참새전유어는 "참새의 털을 정히 뜯어 황육을 넣고 곱게 다져 양념을 하여 화전같이 얇게 만들어 가루를 약간 묻혀 달걀을 씌워 지져서 초장을 곁들인다"라고 하였다.

《조선무쌍신식요리제법》에서는 '전유어 지지는 법(간납, 전야, 간남, 전유어)'이란 항목을 두고 있다. 또 옷을 입히지 않고 연결제를 재료에 섞어 번철에 기름을 두르고 눌러 부치듯 익혀내는 화전이나 빈대떡도 이 무리의 것이다. 이 경우는 보통 부친다고 하며, 부치개라 한다. 그러나 방언으로는 부침개를 지짐개라 한다. 《조선무쌍신식요리제법》에 의하면 전유어 만드는 법은 여러 층이 있는데 최고는 상등(上等)으로 달걀에 녹말가루나 밀가루를 씌워서 지지는 것이요, 중등(中等)은 달걀에 물을 타서 치자물을 들여 밀가루를 사용하여 지지는 것이며, 하등(下等)은 녹두를 갈아서 달걀을 쓰지 않고 들기름이나 저육(猪肉)기름에 지져 쓰는 것이라고 하였다.

조자호의 《조선요리법》에는 '간랍류'를 독립시켰는데 그 내용을 보면 족편, 양전유어, 간전유어, 생선전유어, 조개전유어, 자충이전유어, 고추전유어, 알쌈, 밀쌈, 제전유어, 두릅전유어, 묵전유어, 잡느러미, 동아느러미, 박느러미, 향느러미, 누름적, 수란, 숙란 등을 들었다.

전유어는 다른 조리법에 비하여 비교적 늦게 개발된 조리법이기는 하지만 우리나라 찬물의 요리법 중에는 튀김요리가 거의 없으므로 그중에 기름의 섭취를 가장 많이 할 수 있는 찬물로서 오늘날까지 비교적 다양한 요리법이 개발되고 있다.

전에 사용된 주재료는 다음과 같다.

- 수육류 : 소고기(업진육, 우심내육), 내장(간, 천엽, 양, 부아, 지라), 골(두골, 등골), 피, 혀, 돼지고기(간), 사슴고기, 토끼고기
- 조육류 : 꿩고기, 닭고기, 메추라기고기, 참새고기
- 생선류 : 가자미, 고래, 광어, 대구, 도미, 동태(명태, 북어, 명란), 미꾸라지, 민어, 반댕이, 뱅어, 병어, 청어, 쏘가리, 숭어, 잉어, 정어리, 노리대
- 패류 : 굴, 대합, 무명조개, 조개, 소라, 패주, 홍합
- 갑각류 : 게, 새우
- 연체류 : 낙지, 해삼, 오징어
- 채소류 : 가지, 감국잎, 감자, 깻잎, 고구마, 고사리, 고추, 달래, 당근, 더덕, 도라지, 마늘, 무, 박고지, 배추, 부추, 쑥갓, 숙주, 양파, 연근, 우엉, 인삼, 자충이(쪽파뿌리), 참나물, 토마토, 토란,

파(실파, 움파), 피망, 늙은 호박, 애호박

• 버섯류 : 느타리, 돌버섯, 석이, 송이, 양송이, 표고

• 해조류 : 김, 다시마

• 난류 : 달걀

• 두류 : 녹두, 흰콩

• 곡류 : 밀, 메밀, 옥수수, 수수

• 가공식품 : 김치, 묵, 두부

• 기타 : 비빔밥, 도토리

전에 사용된 부재료는 밤, 잣, 대추, 풋마늘, 실고추, 우유 등이고 연결제 역할을 하는 것으로는 밀가루, 메밀가루, 멥쌀가루, 찹쌀가루, 녹말, 임자말 등이 있으며 전의 색상을 더욱 선명하게 해주는 것은 식홍이었다. 치자는 이름만 거론되었을 뿐 실제 치자를 이용한 전은 없었다. 전의 재료와 번철 사이에 윤활 역할을 하는 기름은 식용유, 면실유, 참기름, 돼지기름 등이 있다.

전에 사용된 양념류는 묽은 장, 장, 초장, 식초, 잣가루, 겨자, 설탕, 마늘, 파, 깨소금, 소금, 통깨, 생강, 후춧가루, 맛소금, 화학조미료, 고춧가루, 멸치국물 등이다.

전의 조리법은 크게 넷으로 분류할 수 있다.

① 고기, 생선, 채소 등의 재료를 다지거나 얇게 저며서 간을 하여 밀가루, 달걀로 옷을 입혀서 번철에 기름을 두르고 열을 잘 통하도록 납작하게 양면을 지져내는 방법이다. 이 방법은 일반적인 전의 조리법으로 다양하게 이용되고 있다.

② 주재료와 부재료를 일정한 크기와 굵기로 잘라 꼬치에 꿴 다음 밀가루, 달걀을 씌워 지져낸 후에 꼬치를 빼어 상에 내는 방법이다. 이 방법은 누름적이라 하여 사람에 따라 적의 종류에 넣기도 하고 전의 종류에 넣기도 한다. 대표적인 것은 각색전이나 꼬치전이 이에 해당된다.

③ 녹말이나 밀가루의 즙, 쌀가루 등을 연결제로 사용하여 여러 가지 채소나 육류를 섞어 번철에 기름을 두르고 눌러 부치듯 익혀내는 방법으로 빈대떡이나 파전이 이에 해당된다.

④ 다진 재료에 양념과 밀가루, 녹말가루, 달걀 등을 함께 넣어서 둥글납작하게 부치는 법으로 '동구리'라하는데 간동구리와 양동구리가 이에 해당된다. 또한 재료를 다지고 양념을 한 다음 둥글게 빚어 밀가루와 달걀을 씌워 부치는 법으로 완자전이 이에 해당된다.

전의 맛을 돋우기 위해서는 재료의 간을 소금과 후추로 하는데, 소금을 재료의 2% 정도로 넣는 것이 알맞다. 밀가루는 재료의 5% 정도로 준비하여 너무 꼭꼭 눌러가며 묻히지 말고 물기를 제거하여 살짝 묻힌다. 특히 달걀 푼 것에 소금으로 간을 해야 하는데 너무 짜면 옷이 벗겨지므로 주의해야 한다. 불의 세기는 처음에 재료를 팬에 올려 놓기 전까지는 센 불로 달구다가 달구어진 팬에 재료를 얹을 때부터는 중간보다 약하게 하여 재료의 속까지 익게 천천히 부치고 자주 뒤집지 않아야 전이 곱게 된다. 또한 번 철에 기름도 적당량 골고루 둘러야 전의 옷이 똑같은 색깔로 곱게 부쳐진다. 기름의 양이 적으면 번철 에 들러붙어 모양이 볼품없어진다.

반가 조리서에 나타나는 전류 찬품은 다음과 같다.

- 《음식방문(1800년대 중반)》: 난적, 석이느르미, 화양느르미, 동아느르미, 달걀느르미
- 《역주방문(1800년대 중반)》: 토란전, 두부전, 난전, 석화인, 우육인
- 《윤씨음식법(1854년대)》: 갖은 지짐, 소지짐, 게느르미, 생선느르미, 동아느르미, 제육느르미, 난 느르미, 낙지느르미, 각색느르미, 생치느르미
- 《이씨음식법(1800년대 말)》: 동아느르미, 잡느르미
- 《시의전서(1800년대 말)》: 참새전유어, 느리미

◆ 적(炙)

적(炙)은 육류, 채소, 버섯 등을 양념하여 대꼬치에 꿰어 구운 것이다. 산적은 익히지 않은 재료를 꼬 치에 꿰어서 지지거나 구운 것이고, 누름적은 재료를 양념하여 익힌 다음 꼬치에 꿴 것과 재료를 꼬치 에 꿰어 전을 부치듯 옷을 입혀서 지진 것(지짐누름적) 두 종류가 있다. 또한 꼬치에 꿰지 않으나 다진 소고기를 두부와 합하여 얇게 반대기를 한 장으로 만들어서 굽는 약산적과 이를 간장에 넣어 조린 장산 적이 있다.

적의 재료는 다양하여 고기뿐 아니라 파, 당근, 도라지, 두릅 등의 채소류, 송이, 표고 등의 버섯류, 민어, 광어 등의 생선류 등이 이용되고 김치, 떡 등도 적의 재료로 이용된다. 적은 채소, 고기, 버섯 등 의 여러 식품들이 어우러져 영양적으로 우수한 음식이다. 또한 다양한 색상의 식품을 색색이 꿰었으므 로 색감이 뛰어나 혼인·수연(壽宴)의 큰상에 쓰이고 제상의 제물로 쓰인다.

조자호는 《조선요리법》에서 "느르미란 산적에 밀가루, 달걀을 입혀서 번철에 부치는 것이고 누름적 은 느리미와 같은 뜻으로 쓰인다"고 하였다.

《신영양요리법》의 누름적을 보면 "고기, 도라지, 박오가리, 파 등을 꼬챙이에 끼워서 도마에 놓고 사면 끝을 가지런히 베어서 밀가루를 묻히고 달걀을 씌워 번철에 기름을 바르고 지지나니라" 하였다.

누르미란 1700년대까지의 조리서에는 재료를 굽거나 쪄서 익힌 다음에 밀가루 등으로 즙을 만들어 걸쭉하게 끼얹은 것으로 소고기느름이, 우육인 등이었으나 1700년대 이후에는 누르미법은 없어지고 옷을 입혀서 지지는 지짐누름적으로 변하여 오늘날까지 이어지고 있다.

참고문헌

· 3대가 쓴 한국의 전통음식(황혜선 외, 교문사, 2010)

· 우리가 정말 알아야 할 우리 음식 백가지 1(한복진 외, 현암사, 1998)

· 조선시대의 음식문화(김상보, 가람기획, 2006)

· 천년한식견문록(정혜경, 생각의나무, 2009)

· 한국민속대관2(고려대학교민족문화연구소, 1980)

· 한국민족문화대백과사전(한국학중앙연구원, 1991)

· 한국요리문화사(이성우, 교문사, 1985)

· 한국의 음식문화(이효지, 신광출판사, 1998)

애호박전

재료

- 통도라지 200g
- 식용유 1큰술
- 물 2큰술

소금물
- 소금 1/2작은술
- 물 2컵

양념장
- 소금 1/2작은술
- 다진 대파 1작은술
- 다진 마늘 1/2작은술
- 깨소금 1작은술
- 참기름 1/2작은술

만드는 법

재료 확인하기
1 애호박, 소금, 밀가루, 달걀 등 확인하기

사용할 도구 선택하기
2 프라이팬, 나무젓가락 등을 선택하여 준비한다.

재료 계량하기
3 각각의 재료 분량을 컵과 계량스푼, 저울로 계량하기

재료 준비하기
4 애호박은 0.5cm 두께로 둥글게 썰어 소금을 솔솔 뿌려 절인다.
5 소금에 절인 호박은 물기를 뺀다.
6 달걀은 그릇에 흰자, 노른자를 섞어 소금 간을 하여 젓가락으로 풀어 놓는다.

조리하기
7 애호박에 밀가루를 묻혀 톡톡 털고 달걀 풀어 놓은 것에 담갔다가 달 구어진 팬에 식용유를 두르고 지진다.
8 간장, 식초, 설탕, 물을 섞어 초간장을 만든다.

담아 완성하기
9 애호박전 담을 그릇을 선택한다.
10 애호박전은 기름을 제거하여 따뜻하게 담아낸다. 초간장을 곁들인다.

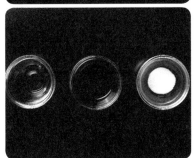

| 평가자 체크리스트

학습내용	평가 항목	성취수준		
		상	중	하
전·적 재료 준비 및 계량	조리 특성에 맞는 도구 선택 능력			
	재료의 계량 능력			
전·적 재료 전처리	조리 방법에 맞는 전처리 능력			
전·적 조리	밀가루, 달걀 등의 재료를 섞어 반죽 물 농도를 조절하는 능력			
	조리의 종류에 따라 속 재료 및 혼합 재료 등을 만드는 능력			
	재료 특성에 따라 풍미 있게 지져 내는 능력			
	기름 온도를 조절하는 능력			
그릇 선택	그릇을 선택하는 능력			
전·적 담아 완성	전의 기름을 제거하여 담아 내는 능력			
	적에 고명을 올려 완성하는 능력			
	양념장을 곁들이는 능력			

| 서술형 시험

학습내용	평가 항목	성취수준		
		상	중	하
전·적 재료 준비 및 계량	- 조리 특성에 맞는 도구 선택 방법			
	- 재료의 계량 방법			
전·적 재료 전처리	- 조리 방법에 맞는 전처리 방법			
전·적 조리	- 기름의 종류와 특성에 대한 설명			
	- 사용 가능한 가루의 종류 및 특성 설명			
	- 전·적을 익히는 적절한 온도 조절 방법			
	- 전과 적의 차이점에 대한 설명			
그릇 선택	- 그릇을 선택하는 방법			
전·적 담아 완성	- 전과 적을 담는 방법			
	- 적의 고명의 종류 및 올려 완성하는 방법			
	- 곁들이는 양념장에 대한 설명			

작업장 평가

학습내용	평가 항목	성취수준		
		상	중	하
전·적 재료 준비 및 계량	조리 특성에 맞는 팬 또는 석쇠 등의 도구 선택 능력			
	재료의 계량 능력			
전·적 재료 전처리	조리 방법에 맞는 전처리 능력			
전·적 조리	전의 농도를 조절하는 능력			
	적을 색스럽게 꼬치에 끼우는 능력			
	메뉴에 따른 기름 온도 조절 능력			
	전·적을 익혀 조리하는 능력			
그릇 선택	메뉴에 어울리는 그릇을 선택하는 능력			
전·적 담아 완성	기름기를 제거하는 능력			
	음식의 온도를 유지하여 완성하는 능력			
	적에 고명을 올려 완성하는 능력			
	양념장을 곁들여 완성하는 능력			

학습자 완성품 사진

단호박전

재료

- 단호박 1/4개(200g)
- 달걀 1개
- 찹쌀가루(방앗간용) 1/4컵
- 밀가루 1/2컵
- 소금 1작은술
- 물 1/3컵
- 식용유 3큰술
- 대추 1개

초간장

- 간장 1큰술
- 식초 1큰술
- 설탕 1작은술
- 물 1큰술

만드는 법

재료 확인하기

1 단호박, 달걀, 찹쌀가루, 밀가루, 소금 등 확인하기

사용할 도구 선택하기

2 프라이팬, 나무젓가락 등을 선택하여 준비한다.

재료 계량하기

3 각각의 재료 분량을 컵과 계량스푼, 저울로 계량하기

재료 준비하기

4 단호박은 껍질을 벗기고 3cm 길이로 곱게 채 썬다.

5 대추는 과육만 돌려깎아 돌돌 말아 대추꽃으로 만든다.

조리하기

6 단호박 썬 것, 찹쌀가루, 밀가루, 소금, 물, 달걀을 넣고 섞는다.

7 팬에 기름을 두르고 단호박 반죽을 조그맣게 떠놓아 노릇노릇하게 지져낸다. 대추꽃을 고명으로 얹어가며 부친다.

8 간장, 식초, 설탕, 물을 섞어 초간장을 만든다.

담아 완성하기

9 단호박전 담을 그릇을 선택한다.

10 단호박전은 기름을 제거하여 따뜻하게 담아낸다. 초간장을 곁들인다.

학습
평가

| 평가자 체크리스트

학습내용	평가 항목	성취수준		
		상	중	하
전·적 재료 준비 및 계량	조리 특성에 맞는 도구 선택 능력			
	재료의 계량 능력			
전·적 재료 전처리	조리 방법에 맞는 전처리 능력			
전·적 조리	밀가루, 달걀 등의 재료를 섞어 반죽 물 농도를 조절하는 능력			
	조리의 종류에 따라 속 재료 및 혼합 재료 등을 만드는 능력			
	재료 특성에 따라 풍미 있게 지져 내는 능력			
	기름 온도를 조절하는 능력			
그릇 선택	그릇을 선택하는 능력			
전·적 담아 완성	전의 기름을 제거하여 담아 내는 능력			
	적에 고명을 올려 완성하는 능력			
	양념장을 곁들이는 능력			

| 서술형 시험

학습내용	평가 항목	성취수준		
		상	중	하
전·적 재료 준비 및 계량	– 조리 특성에 맞는 도구 선택 방법			
	– 재료의 계량 방법			
전·적 재료 전처리	– 조리 방법에 맞는 전처리 방법			
전·적 조리	– 기름의 종류와 특성에 대한 설명			
	– 사용 가능한 가루의 종류 및 특성 설명			
	– 전·적을 익히는 적절한 온도 조절 방법			
	– 전과 적의 차이점에 대한 설명			
그릇 선택	– 그릇을 선택하는 방법			
전·적 담아 완성	– 전과 적을 담는 방법			
	– 적의 고명의 종류 및 올려 완성하는 방법			
	– 곁들이는 양념장에 대한 설명			

작업장 평가

학습내용	평가 항목	성취수준		
		상	중	하
전·적 재료 준비 및 계량	조리 특성에 맞는 팬 또는 석쇠 등의 도구 선택 능력			
	재료의 계량 능력			
전·적 재료 전처리	조리 방법에 맞는 전처리 능력			
전·적 조리	전의 농도를 조절하는 능력			
	적을 색스럽게 꼬치에 끼우는 능력			
	메뉴에 따른 기름 온도 조절 능력			
	전·적을 익혀 조리하는 능력			
그릇 선택	메뉴에 어울리는 그릇을 선택하는 능력			
전·적 담아 완성	기름기를 제거하는 능력			
	음식의 온도를 유지하여 완성하는 능력			
	적에 고명을 올려 완성하는 능력			
	양념장을 곁들여 완성하는 능력			

학습자 완성품 사진

깻잎전

- 깻잎 10장
- 소고기 우둔 50g
- 두부 20g
- 밀가루 2큰술
- 달걀 1개
- 식용유 2큰술

고기양념
- 간장 1/4작은술
- 설탕 1/2작은술
- 다진 대파 1/2작은술
- 다진 마늘 1/4작은술
- 참기름 1/3작은술
- 깨소금 1/4작은술
- 후춧가루 약간

초간장
- 간장 1큰술
- 식초 1큰술
- 설탕 1작은술
- 물 1큰술

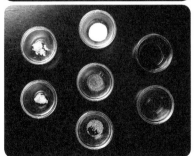

만드는 법

재료 확인하기

1 깻잎, 소고기 우둔, 두부, 밀가루, 달걀 등 확인하기

사용할 도구 선택하기

2 프라이팬, 나무젓가락 등을 선택하여 준비한다.

재료 계량하기

3 각각의 재료 분량을 컵과 계량스푼, 저울로 계량하기

재료 준비하기

4 깻잎은 앞뒤로 깨끗하게 씻어 물기를 제거한다.

5 소고기는 곱게 다져 면포로 핏물을 제거한다.

6 두부는 면포에 꼭꼭 눌러 물기를 없애고 곱게 으깬다.

7 달걀은 그릇에 흰자, 노른자를 섞어 소금 간을 하여 젓가락으로 풀어 놓는다.

조리하기

8 소고기와 두부를 합하여 고기양념을 한다.

9 깻잎 안쪽에 밀가루를 묻히고 소고기와 두부를 섞어 양념한 것을 편 편하게 채운다. 반달모양으로 오린다.

10 밀가루를 묻혀 톡톡 털고 달걀물에 담갔다가 약한 불에 식용유를 두르고 지진다.

11 간장, 식초, 설탕, 물을 섞어 초간장을 만든다.

담아 완성하기

12 깻잎전 담을 그릇을 선택한다.

13 깻잎전은 기름을 제거하여 따뜻하게 담아낸다. 초간장을 곁들인다.

평가자 체크리스트

학습내용	평가 항목	성취수준		
		상	중	하
전·적 재료 준비 및 계량	조리 특성에 맞는 도구 선택 능력			
	재료의 계량 능력			
전·적 재료 전처리	조리 방법에 맞는 전처리 능력			
전·적 조리	밀가루, 달걀 등의 재료를 섞어 반죽 물 농도를 조절하는 능력			
	조리의 종류에 따라 속 재료 및 혼합 재료 등을 만드는 능력			
	재료 특성에 따라 풍미 있게 지져 내는 능력			
	기름 온도를 조절하는 능력			
그릇 선택	그릇을 선택하는 능력			
전·적 담아 완성	전의 기름을 제거하여 담아 내는 능력			
	적에 고명을 올려 완성하는 능력			
	양념장을 곁들이는 능력			

서술형 시험

학습내용	평가 항목	성취수준		
		상	중	하
전·적 재료 준비 및 계량	- 조리 특성에 맞는 도구 선택 방법			
	- 재료의 계량 방법			
전·적 재료 전처리	- 조리 방법에 맞는 전처리 방법			
전·적 조리	- 기름의 종류와 특성에 대한 설명			
	- 사용 가능한 가루의 종류 및 특성 설명			
	- 전·적을 익히는 적절한 온도 조절 방법			
	- 전과 적의 차이점에 대한 설명			
그릇 선택	- 그릇을 선택하는 방법			
전·적 담아 완성	- 전과 적을 담는 방법			
	- 적의 고명의 종류 및 올려 완성하는 방법			
	- 곁들이는 양념장에 대한 설명			

작업장 평가

학습내용	평가 항목	성취수준		
		상	중	하
전·적 재료 준비 및 계량	조리 특성에 맞는 팬 또는 석쇠 등의 도구 선택 능력			
	재료의 계량 능력			
전·적 재료 전처리	조리 방법에 맞는 전처리 능력			
전·적 조리	전의 농도를 조절하는 능력			
	적을 색스럽게 꼬치에 끼우는 능력			
	메뉴에 따른 기름 온도 조절 능력			
	전·적을 익혀 조리하는 능력			
그릇 선택	메뉴에 어울리는 그릇을 선택하는 능력			
전·적 담아 완성	기름기를 제거하는 능력			
	음식의 온도를 유지하여 완성하는 능력			
	적에 고명을 올려 완성하는 능력			
	양념장을 곁들여 완성하는 능력			

학습자 완성품 사진

양파전

재료

- 양파 1개
- 소고기 우둔 50g
- 두부 20g
- 밀가루 2큰술
- 달걀 1개
- 식용유 2큰술

고기양념

- 간장 1/4작은술
- 설탕 1/2작은술
- 다진 대파 1/2작은술
- 다진 마늘 1/4작은술
- 참기름 1/3작은술
- 깨소금 1/4작은술
- 후춧가루 약간

초간장

- 간장 1큰술
- 식초 1큰술
- 설탕 1작은술
- 물 1큰술

만드는 법

재료 확인하기
1 양파, 소고기, 두부, 밀가루, 달걀, 식용유 등 확인하기

사용할 도구 선택하기
2 프라이팬, 나무젓가락 등을 선택하여 준비한다.

재료 계량하기
3 각각의 재료 분량을 컵과 계량스푼, 저울로 계량하기

재료 준비하기
4 양파는 0.5cm 두께로 둥글게 썰어둔다.
5 소고기는 곱게 다져 면포로 핏물을 제거한다.
6 두부는 면포에 꼭꼭 눌러 물기를 없애고 곱게 으깬다.
7 달걀은 그릇에 흰자, 노른자를 섞어 소금 간을 하여 젓가락으로 풀어
　놓는다.

조리하기
8 소고기와 두부를 합하여 고기양념을 한다.
9 양파의 가장자리 3~4겹을 남기고 가운데 부분은 빼낸 뒤 그 자리에
　밀가루를 발라 톡톡 털어내고 양념한 소고기를 채운다.
10 밀가루를 양파 전체에 묻혀 톡톡 털고 달걀물에 담갔다가 약한 불
　에서 식용유를 두르고 지진다.
11 간장, 식초, 설탕, 물을 섞어 초간장을 만든다.

담아 완성하기
12 양파전 담을 그릇을 선택한다.
13 양파전은 기름을 제거하여 따뜻하게 담아낸다. 초간장을 곁들인다.

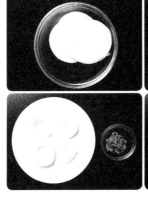
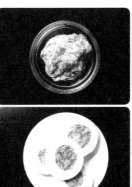

학습 평가

| 평가자 체크리스트

학습내용	평가 항목	성취수준		
		상	중	하
전·적 재료 준비 및 계량	조리 특성에 맞는 도구 선택 능력			
	재료의 계량 능력			
전·적 재료 전처리	조리 방법에 맞는 전처리 능력			
전·적 조리	밀가루, 달걀 등의 재료를 섞어 반죽 물 농도를 조절하는 능력			
	조리의 종류에 따라 속 재료 및 혼합 재료 등을 만드는 능력			
	재료 특성에 따라 풍미 있게 지져 내는 능력			
	기름 온도를 조절하는 능력			
그릇 선택	그릇을 선택하는 능력			
전·적 담아 완성	전의 기름을 제거하여 담아 내는 능력			
	적에 고명을 올려 완성하는 능력			
	양념장을 곁들이는 능력			

| 서술형 시험

학습내용	평가 항목	성취수준		
		상	중	하
전·적 재료 준비 및 계량	- 조리 특성에 맞는 도구 선택 방법			
	- 재료의 계량 방법			
전·적 재료 전처리	- 조리 방법에 맞는 전처리 방법			
전·적 조리	- 기름의 종류와 특성에 대한 설명			
	- 사용 가능한 가루의 종류 및 특성 설명			
	- 전·적을 익히는 적절한 온도 조절 방법			
	- 전과 적의 차이점에 대한 설명			
그릇 선택	- 그릇을 선택하는 방법			
전·적 담아 완성	- 전과 적을 담는 방법			
	- 적의 고명의 종류 및 올려 완성하는 방법			
	- 곁들이는 양념장에 대한 설명			

작업장 평가

학습내용	평가 항목	성취수준		
		상	중	하
전·적 재료 준비 및 계량	조리 특성에 맞는 팬 또는 석쇠 등의 도구 선택 능력			
	재료의 계량 능력			
전·적 재료 전처리	조리 방법에 맞는 전처리 능력			
전·적 조리	전의 농도를 조절하는 능력			
	적을 색스럽게 꼬치에 끼우는 능력			
	메뉴에 따른 기름 온도 조절 능력			
	전·적을 익혀 조리하는 능력			
그릇 선택	메뉴에 어울리는 그릇을 선택하는 능력			
전·적 담아 완성	기름기를 제거하는 능력			
	음식의 온도를 유지하여 완성하는 능력			
	적에 고명을 올려 완성하는 능력			
	양념장을 곁들여 완성하는 능력			

학습자 완성품 사진

오징어전

- 오징어 100g
- 두부 30g
- 붉은 고추 1/4개
- 풋고추 1/4개
- 양파 20g
- 달걀 1개
- 식용유 2큰술

양념
- 다진 마늘 1작은술
- 다진 대파 2작은술
- 소금 1/2작은술
- 참기름 1/2작은술
- 참깨 1/2작은술
- 후춧가루 약간

초간장
- 간장 1큰술
- 식초 1큰술
- 설탕 1작은술
- 물 1큰술

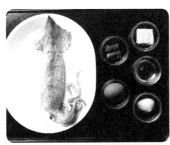

재료 확인하기
1 오징어, 두부, 붉은 고추, 풋고추, 양파, 달걀, 식용유 등 확인하기

사용할 도구 선택하기
2 프라이팬, 나무젓가락 등을 선택하여 준비한다.

재료 계량하기
3 각각의 재료 분량을 컵과 계량스푼, 저울로 계량하기

재료 준비하기
4 오징어는 껍질을 벗기고, 곱게 다진다.
5 두부는 면포로 물기를 제거하고, 곱게 으깬다.
6 붉은 고추, 풋고추는 씨를 제거하고 곱게 다진다.
7 양파는 껍질을 제거하고 곱게 다진다.

조리하기
8 준비된 오징어, 두부, 고추, 양파에 달걀을 넣고 양념을 넣어 고루 잘 버무린다.
9 달궈진 팬에 식용유를 두르고 준비된 재료 한 숟가락정도를 떠서 팬에 놓고 둥글게 모양을 만든 다음 노릇노릇하게 지진다.
10 간장, 식초, 설탕, 물을 섞어 초간장을 만든다.

담아 완성하기
11 오징어전 담을 그릇을 선택한다.
12 오징어전은 기름을 제거하여 따뜻하게 담아낸다. 초간장을 곁들인다.

학습 평가

| 평가자 체크리스트

학습내용	평가 항목	성취수준		
		상	중	하
전·적 재료 준비 및 계량	조리 특성에 맞는 도구 선택 능력			
	재료의 계량 능력			
전·적 재료 전처리	조리 방법에 맞는 전처리 능력			
전·적 조리	밀가루, 달걀 등의 재료를 섞어 반죽 물 농도를 조절하는 능력			
	조리의 종류에 따라 속 재료 및 혼합 재료 등을 만드는 능력			
	재료 특성에 따라 풍미 있게 지져 내는 능력			
	기름 온도를 조절하는 능력			
그릇 선택	그릇을 선택하는 능력			
전·적 담아 완성	전의 기름을 제거하여 담아 내는 능력			
	적에 고명을 올려 완성하는 능력			
	양념장을 곁들이는 능력			

| 서술형 시험

학습내용	평가 항목	성취수준		
		상	중	하
전·적 재료 준비 및 계량	- 조리 특성에 맞는 도구 선택 방법			
	- 재료의 계량 방법			
전·적 재료 전처리	- 조리 방법에 맞는 전처리 방법			
전·적 조리	- 기름의 종류와 특성에 대한 설명			
	- 사용 가능한 가루의 종류 및 특성 설명			
	- 전·적을 익히는 적절한 온도 조절 방법			
	- 전과 적의 차이점에 대한 설명			
그릇 선택	- 그릇을 선택하는 방법			
전·적 담아 완성	- 전과 적을 담는 방법			
	- 적의 고명의 종류 및 올려 완성하는 방법			
	- 곁들이는 양념장에 대한 설명			

작업장 평가

학습내용	평가 항목	성취수준		
		상	중	하
전·적 재료 준비 및 계량	조리 특성에 맞는 팬 또는 석쇠 등의 도구 선택 능력			
	재료의 계량 능력			
전·적 재료 전처리	조리 방법에 맞는 전처리 능력			
전·적 조리	전의 농도를 조절하는 능력			
	적을 색스럽게 꼬치에 끼우는 능력			
	메뉴에 따른 기름 온도 조절 능력			
	전·적을 익혀 조리하는 능력			
그릇 선택	메뉴에 어울리는 그릇을 선택하는 능력			
전·적 담아 완성	기름기를 제거하는 능력			
	음식의 온도를 유지하여 완성하는 능력			
	적에 고명을 올려 완성하는 능력			
	양념장을 곁들여 완성하는 능력			

학습자 완성품 사진

감자전

재료

- 감자 2개(280g)
- 소금 1작은술
- 식용유 3큰술

초간장

- 간장 1큰술
- 식초 1큰술
- 물 1큰술
- 잣가루 1작은술

만드는 법

재료 확인하기

1 감자, 소금, 식용유, 간장, 식초 등 확인하기

사용할 도구 선택하기

2 프라이팬, 나무젓가락, 강판 등을 선택하여 준비한다.

재료 계량하기

3 각각의 재료 분량을 컵과 계량스푼, 저울로 계량하기

재료 준비하기

4 감자는 껍질을 제거하고 강판에 갈아 면포로 짠다.
5 건더기는 따로 두고 감자 물은 가라앉혀 맑은 국물은 따라 버리고 녹말을 남겨둔다.

조리하기

6 감자 건더기, 감자녹말, 소금을 고루 섞어 달궈진 팬에 식용유를 두르고 노릇노릇하게 지진다.
＊ 부추, 달래, 청양고추, 붉은 고추 등을 계절에 따라 또는 개인적인 선호도에 따라 준비하여, 송송 썰어 함께 반죽하여 전을 부쳐도 좋다.
7 간장, 식초, 물을 섞어 초간장을 만들고 잣가루를 뿌린다.

담아 완성하기

8 감자전 담을 그릇을 선택한다.
9 감자전은 기름을 제거하여 따뜻하게 담아낸다. 초간장을 곁들인다.

학습 평가

평가자 체크리스트

학습내용	평가 항목	성취수준		
		상	중	하
전·적 재료 준비 및 계량	조리 특성에 맞는 도구 선택 능력			
	재료의 계량 능력			
전·적 재료 전처리	조리 방법에 맞는 전처리 능력			
전·적 조리	밀가루, 달걀 등의 재료를 섞어 반죽 물 농도를 조절하는 능력			
	조리의 종류에 따라 속 재료 및 혼합 재료 등을 만드는 능력			
	재료 특성에 따라 풍미 있게 지져 내는 능력			
	기름 온도를 조절하는 능력			
그릇 선택	그릇을 선택하는 능력			
전·적 담아 완성	전의 기름을 제거하여 담아 내는 능력			
	적에 고명을 올려 완성하는 능력			
	양념장을 곁들이는 능력			

서술형 시험

학습내용	평가 항목	성취수준		
		상	중	하
전·적 재료 준비 및 계량	- 조리 특성에 맞는 도구 선택 방법			
	- 재료의 계량 방법			
전·적 재료 전처리	- 조리 방법에 맞는 전처리 방법			
전·적 조리	- 기름의 종류와 특성에 대한 설명			
	- 사용 가능한 가루의 종류 및 특성 설명			
	- 전·적을 익히는 적절한 온도 조절 방법			
	- 전과 적의 차이점에 대한 설명			
그릇 선택	- 그릇을 선택하는 방법			
전·적 담아 완성	- 전과 적을 담는 방법			
	- 적의 고명의 종류 및 올려 완성하는 방법			
	- 곁들이는 양념장에 대한 설명			

작업장 평가

학습내용	평가 항목	성취수준		
		상	중	하
전·적 재료 준비 및 계량	조리 특성에 맞는 팬 또는 석쇠 등의 도구 선택 능력			
	재료의 계량 능력			
전·적 재료 전처리	조리 방법에 맞는 전처리 능력			
전·적 조리	전의 농도를 조절하는 능력			
	적을 색스럽게 꼬치에 끼우는 능력			
	메뉴에 따른 기름 온도 조절 능력			
	전·적을 익혀 조리하는 능력			
그릇 선택	메뉴에 어울리는 그릇을 선택하는 능력			
전·적 담아 완성	기름기를 제거하는 능력			
	음식의 온도를 유지하여 완성하는 능력			
	적에 고명을 올려 완성하는 능력			
	양념장을 곁들여 완성하는 능력			

학습자 완성품 사진

부추전

재료

· 부추 100g
· 양파 1/4개
· 당근 20g

반죽

· 물 1컵
· 소금 1/2작은술
· 밀가루(중력분) 1컵
· 식용유 5큰술

초간장

· 간장 1큰술
· 식초 1큰술
· 설탕 1작은술
· 물 1큰술

만드는 법

재료 확인하기

1 부추, 양파, 당근, 물, 소금, 밀가루 등 확인하기

사용할 도구 선택하기

2 프라이팬, 나무젓가락 등을 선택하여 준비한다.

재료 계량하기

3 각각의 재료 분량을 컵과 계량스푼, 저울로 계량하기

재료 준비하기

4 부추와 양파, 당근은 깨끗이 씻어 4cm 정도로 채를 썬다.

조리하기

5 물 1컵에 소금을 녹인 후 밀가루를 넣어 반죽하고 부추, 양파, 당근
   을 넣어 섞는다.
6 달궈진 팬에 기름을 두르고 반죽을 얇고 넓게 펼쳐 노릇하게 지져낸다.
7 간장, 식초, 설탕, 물을 섞어 초간장을 만든다.

담아 완성하기

8 부추전 담을 그릇을 선택한다.
9 부추전은 기름을 제거하여 따뜻하게 담아낸다. 초간장을 곁들인다.

평가자 체크리스트

학습내용	평가 항목	성취수준		
		상	중	하
전·적 재료 준비 및 계량	조리 특성에 맞는 도구 선택 능력			
	재료의 계량 능력			
전·적 재료 전처리	조리 방법에 맞는 전처리 능력			
전·적 조리	밀가루, 달걀 등의 재료를 섞어 반죽 물 농도를 조절하는 능력			
	조리의 종류에 따라 속 재료 및 혼합 재료 등을 만드는 능력			
	재료 특성에 따라 풍미 있게 지져 내는 능력			
	기름 온도를 조절하는 능력			
그릇 선택	그릇을 선택하는 능력			
전·적 담아 완성	전의 기름을 제거하여 담아 내는 능력			
	적에 고명을 올려 완성하는 능력			
	양념장을 곁들이는 능력			

서술형 시험

학습내용	평가 항목	성취수준		
		상	중	하
전·적 재료 준비 및 계량	- 조리 특성에 맞는 도구 선택 방법			
	- 재료의 계량 방법			
전·적 재료 전처리	- 조리 방법에 맞는 전처리 방법			
전·적 조리	- 기름의 종류와 특성에 대한 설명			
	- 사용 가능한 가루의 종류 및 특성 설명			
	- 전·적을 익히는 적절한 온도 조절 방법			
	- 전과 적의 차이점에 대한 설명			
그릇 선택	- 그릇을 선택하는 방법			
전·적 담아 완성	- 전과 적을 담는 방법			
	- 적의 고명의 종류 및 올려 완성하는 방법			
	- 곁들이는 양념장에 대한 설명			

작업장 평가

학습내용	평가 항목	성취수준		
		상	중	하
전·적 재료 준비 및 계량	조리 특성에 맞는 팬 또는 석쇠 등의 도구 선택 능력			
	재료의 계량 능력			
전·적 재료 전처리	조리 방법에 맞는 전처리 능력			
전·적 조리	전의 농도를 조절하는 능력			
	적을 색스럽게 꼬치에 끼우는 능력			
	메뉴에 따른 기름 온도 조절 능력			
	전·적을 익혀 조리하는 능력			
그릇 선택	메뉴에 어울리는 그릇을 선택하는 능력			
전·적 담아 완성	기름기를 제거하는 능력			
	음식의 온도를 유지하여 완성하는 능력			
	적에 고명을 올려 완성하는 능력			
	양념장을 곁들여 완성하는 능력			

학습자 완성품 사진

메밀전

- 김치 200g
- 쪽파 100g
- 식용유 5큰술

반죽

- 물 3컵
- 소금 1작은술
- 메밀가루 130g
- 밀가루(중력분) 60g

만드는 법

재료 확인하기

1 김치, 쪽파, 식용유, 물, 소금 등 확인하기

사용할 도구 선택하기

2 프라이팬, 나무젓가락 등을 선택하여 준비한다.

재료 계량하기

3 각각의 재료 분량을 컵과 계량스푼, 저울로 계량하기

재료 준비하기

4 배추김치는 속을 털어내고 길게 자른다.
5 쪽파는 깨끗이 씻어 다듬어 길게 정리한다.

조리하기

6 물에 소금을 녹인 후 메밀가루와 밀가루를 넣고 반죽하여 30분간 숙성시킨다.
7 달궈진 팬에 기름을 두르고 배추김치와 쪽파를 얹은 후 반죽을 얇고 넓게 부어 노릇하게 지져낸다.

담아 완성하기

8 메밀전 담을 그릇을 선택한다.
9 메밀전은 기름을 제거하여 따뜻하게 담아낸다.

학습 평가

| 평가자 체크리스트

학습내용	평가 항목	성취수준		
		상	중	하
전·적 재료 준비 및 계량	조리 특성에 맞는 도구 선택 능력			
	재료의 계량 능력			
전·적 재료 전처리	조리 방법에 맞는 전처리 능력			
전·적 조리	밀가루, 달걀 등의 재료를 섞어 반죽 물 농도를 조절하는 능력			
	조리의 종류에 따라 속 재료 및 혼합 재료 등을 만드는 능력			
	재료 특성에 따라 풍미 있게 지져 내는 능력			
	기름 온도를 조절하는 능력			
그릇 선택	그릇을 선택하는 능력			
전·적 담아 완성	전의 기름을 제거하여 담아 내는 능력			
	적에 고명을 올려 완성하는 능력			
	양념장을 곁들이는 능력			

| 서술형 시험

학습내용	평가 항목	성취수준		
		상	중	하
전·적 재료 준비 및 계량	- 조리 특성에 맞는 도구 선택 방법			
	- 재료의 계량 방법			
전·적 재료 전처리	- 조리 방법에 맞는 전처리 방법			
전·적 조리	- 기름의 종류와 특성에 대한 설명			
	- 사용 가능한 가루의 종류 및 특성 설명			
	- 전·적을 익히는 적절한 온도 조절 방법			
	- 전과 적의 차이점에 대한 설명			
그릇 선택	- 그릇을 선택하는 방법			
전·적 담아 완성	- 전과 적을 담는 방법			
	- 적의 고명의 종류 및 올려 완성하는 방법			
	- 곁들이는 양념장에 대한 설명			

작업장 평가

학습내용	평가 항목	성취수준		
		상	중	하
전·적 재료 준비 및 계량	조리 특성에 맞는 팬 또는 석쇠 등의 도구 선택 능력			
	재료의 계량 능력			
전·적 재료 전처리	조리 방법에 맞는 전처리 능력			
전·적 조리	전의 농도를 조절하는 능력			
	적을 색스럽게 꼬치에 끼우는 능력			
	메뉴에 따른 기름 온도 조절 능력			
	전·적을 익혀 조리하는 능력			
그릇 선택	메뉴에 어울리는 그릇을 선택하는 능력			
전·적 담아 완성	기름기를 제거하는 능력			
	음식의 온도를 유지하여 완성하는 능력			
	적에 고명을 올려 완성하는 능력			
	양념장을 곁들여 완성하는 능력			

학습자 완성품 사진

파전

재료

- 밀가루 1½컵
- 찹쌀가루(방앗간용) 4큰술
- 소금 1/2작은술
- 실파 50g · 부추 50g
- 다진 소고기 30g
- 조갯살 30g
- 굴 40g · 달걀 1개
- 식용유 적당량

소금물
- 물 3컵 · 소금 1작은술

고기양념
- 간장 1/2작은술
- 다진 마늘 1/3작은술
- 참기름 1/3작은술
- 깨소금 1/3작은술
- 후춧가루 약간

양념장
- 진간장 1큰술
- 물 1큰술
- 설탕 1작은술
- 굵은 고춧가루 1/2큰술
- 다진 대파 1작은술
- 다진 마늘 1/2작은술
- 깨소금 1작은술

만드는 법

재료 확인하기
1 밀가루, 멥쌀가루, 소금, 실파, 부추, 다진 소고기, 조갯살 등 확인하기

사용할 도구 선택하기
2 프라이팬, 나무젓가락 등을 선택하여 준비한다.

재료 계량하기
3 각각의 재료 분량을 컵과 계량스푼, 저울로 계량하기

재료 준비하기
4 실파와 부추는 다듬어 씻어서 13cm 정도로 자른다.
5 조갯살과 굴은 손질하여 소금물에 씻어 건지고 대강 다진다.

조리하기
6 밀가루와 찹쌀가루를 섞어 소금 간을 한 후 물로 걸쭉하게 반죽을 한다.
7 다진 소고기는 양념하여 반죽에 섞는다.
8 팬에 식용유를 두르고 파와 부추에 반죽을 입혀 팬에 펴 놓고 조갯살, 굴 등 해물을 올려 반죽을 살짝 덮어주고 달걀로 줄알을 친다.
9 노릇하게 익으면 뒤집어서 지져낸다.
10 양념장을 만든다.

담아 완성하기
11 파전 담을 그릇을 선택한다.
12 파전은 기름을 제거하여 따뜻하게 담아낸다. 양념장을 곁들여낸다.

학습평가

평가자 체크리스트

학습내용	평가 항목	성취수준		
		상	중	하
전·적 재료 준비 및 계량	조리 특성에 맞는 도구 선택 능력			
	재료의 계량 능력			
전·적 재료 전처리	조리 방법에 맞는 전처리 능력			
전·적 조리	밀가루, 달걀 등의 재료를 섞어 반죽 물 농도를 조절하는 능력			
	조리의 종류에 따라 속 재료 및 혼합 재료 등을 만드는 능력			
	재료 특성에 따라 풍미 있게 지져 내는 능력			
	기름 온도를 조절하는 능력			
그릇 선택	그릇을 선택하는 능력			
전·적 담아 완성	전의 기름을 제거하여 담아 내는 능력			
	적에 고명을 올려 완성하는 능력			
	양념장을 곁들이는 능력			

서술형 시험

학습내용	평가 항목	성취수준		
		상	중	하
전·적 재료 준비 및 계량	- 조리 특성에 맞는 도구 선택 방법			
	- 재료의 계량 방법			
전·적 재료 전처리	- 조리 방법에 맞는 전처리 방법			
전·적 조리	- 기름의 종류와 특성에 대한 설명			
	- 사용 가능한 가루의 종류 및 특성 설명			
	- 전·적을 익히는 적절한 온도 조절 방법			
	- 전과 적의 차이점에 대한 설명			
그릇 선택	- 그릇을 선택하는 방법			
전·적 담아 완성	- 전과 적을 담는 방법			
	- 적의 고명의 종류 및 올려 완성하는 방법			
	- 곁들이는 양념장에 대한 설명			

작업장 평가

학습내용	평가 항목	성취수준		
		상	중	하
전·적 재료 준비 및 계량	조리 특성에 맞는 팬 또는 석쇠 등의 도구 선택 능력			
	재료의 계량 능력			
전·적 재료 전처리	조리 방법에 맞는 전처리 능력			
전·적 조리	전의 농도를 조절하는 능력			
	적을 색스럽게 꼬치에 끼우는 능력			
	메뉴에 따른 기름 온도 조절 능력			
	전·적을 익혀 조리하는 능력			
그릇 선택	메뉴에 어울리는 그릇을 선택하는 능력			
전·적 담아 완성	기름기를 제거하는 능력			
	음식의 온도를 유지하여 완성하는 능력			
	적에 고명을 올려 완성하는 능력			
	양념장을 곁들여 완성하는 능력			

학습자 완성품 사진

녹두전

재료

- 깐 녹두 1컵 · 달걀 1개
- 돼지고기 70g · 숙주 30g
- 고사리 30g · 도라지 30g
- 김치 50g · 대파 50g
- 실고추 약간
- 소금 1작은술
- 식용유 5큰술

나물양념

- 소금 1/2작은술
- 다진 마늘 1/3작은술
- 참기름 1/3작은술

양념장

- 진간장 1큰술
- 물 1큰술
- 설탕 1작은술
- 굵은 고춧가루 1/2큰술
- 다진 대파 1작은술
- 다진 마늘 1/2작은술
- 깨소금 1작은술
- 참기름 1작은술 또는 식초 2작은술

만드는 법

재료 확인하기

1 깐 녹두, 달걀, 돼지고기, 숙주, 고사리, 도라지, 김치 등 확인하기

사용할 도구 선택하기

2 프라이팬, 나무젓가락 등을 선택하여 준비한다.

재료 계량하기

3 각각의 재료 분량을 컵과 계량스푼, 저울로 계량하기

재료 준비하기

4 깐 녹두는 씻어 불린 뒤 일어 물에 거피하여 믹서에 간다.
* 믹서기에 갈 때 물의 양은 믹서기에 불린 녹두를 담고 물을 부어 녹두보다 아래에 있어야 질지 않고, 너무 곱게 갈지 말아야 더 맛있다.
5 고기는 살로 납작하게 썰거나 다진다.
6 숙주는 끓는 물에 삶아 찬물에 헹궈 송송 썰어 꼭 짠다.
7 불린 고사리는 송송 썰어 양념한 뒤 볶아 나물로 만든다.
8 도라지는 곱게 찢어 끓는 물에 삶아 찬물에 헹구어 꼭 짜서 송송 썰어 양념하여 볶아 나물로 만든다.
9 잘 익은 배추김치는 속을 털어내고 송송 썰어 꼭 짠다.

조리하기

10 갈아놓은 녹두에 달걀과 준비된 재료를 섞는다.
11 팬에 기름을 넉넉히 두르고 한 국자 떠넣어 어슷썰기한 대파와 실고추를 넣어 앞뒤를 노릇하게 지진다.
12 양념장을 만든다.

담아 완성하기

13 녹두전 담을 그릇을 선택한다.
14 녹두전은 기름을 제거하여 따뜻하게 담아낸다. 양념장을 곁들여낸다.

평가자 체크리스트

학습내용	평가 항목	성취수준		
		상	중	하
전·적 재료 준비 및 계량	조리 특성에 맞는 도구 선택 능력			
	재료의 계량 능력			
전·적 재료 전처리	조리 방법에 맞는 전처리 능력			
전·적 조리	밀가루, 달걀 등의 재료를 섞어 반죽 물 농도를 조절하는 능력			
	조리의 종류에 따라 속 재료 및 혼합 재료 등을 만드는 능력			
	재료 특성에 따라 풍미 있게 지져 내는 능력			
	기름 온도를 조절하는 능력			
그릇 선택	그릇을 선택하는 능력			
전·적 담아 완성	전의 기름을 제거하여 담아 내는 능력			
	적에 고명을 올려 완성하는 능력			
	양념장을 곁들이는 능력			

서술형 시험

학습내용	평가 항목	성취수준		
		상	중	하
전·적 재료 준비 및 계량	– 조리 특성에 맞는 도구 선택 방법			
	– 재료의 계량 방법			
전·적 재료 전처리	– 조리 방법에 맞는 전처리 방법			
전·적 조리	– 기름의 종류와 특성에 대한 설명			
	– 사용 가능한 가루의 종류 및 특성 설명			
	– 전·적을 익히는 적절한 온도 조절 방법			
	– 전과 적의 차이점에 대한 설명			
그릇 선택	– 그릇을 선택하는 방법			
전·적 담아 완성	– 전과 적을 담는 방법			
	– 적의 고명의 종류 및 올려 완성하는 방법			
	– 곁들이는 양념장에 대한 설명			

작업장 평가

학습내용	평가 항목	성취수준		
		상	중	하
전·적 재료 준비 및 계량	조리 특성에 맞는 팬 또는 석쇠 등의 도구 선택 능력			
	재료의 계량 능력			
전·적 재료 전처리	조리 방법에 맞는 전처리 능력			
전·적 조리	전의 농도를 조절하는 능력			
	적을 색스럽게 꼬치에 끼우는 능력			
	메뉴에 따른 기름 온도 조절 능력			
	전·적을 익혀 조리하는 능력			
그릇 선택	메뉴에 어울리는 그릇을 선택하는 능력			
전·적 담아 완성	기름기를 제거하는 능력			
	음식의 온도를 유지하여 완성하는 능력			
	적에 고명을 올려 완성하는 능력			
	양념장을 곁들여 완성하는 능력			

학습자 완성품 사진

파산적

재료

- 실파 100g
- 소고기 80g
- 소금 1/2작은술
- 식용유 1큰술
- 실고추 약간
- 산적꼬치

고기양념

- 간장 2작은술
- 설탕 1작은술
- 후추 약간
- 참기름 2작은술
- 참깨 1/2작은술

만드는 법

재료 확인하기

1 실파, 소고기, 소금, 식용유, 간장, 등 확인하기

사용할 도구 선택하기

2 프라이팬, 나무젓가락 등을 선택하여 준비한다.

재료 계량하기

3 각각의 재료 분량을 컵과 계량스푼, 저울로 계량하기

재료 준비하기

4 실파는 깨끗이 씻는다.
5 소고기는 산적용으로 7cm 길이로 썬다.

조리하기

6 끓는 소금물에 실파를 데친다. 찬물에 헹구어 물기를 없앤다. 6cm 크기로 말아둔다.
7 소고기는 고기양념을 한다.
8 실파, 고기, 실파, 고기, 실파 순으로 산적꼬치에 꽂는다.
9 달구어진 팬에 식용유를 두르고 산적을 지진다.

담아 완성하기

10 파산적 담을 그릇을 선택한다.
11 파산적을 따뜻하게 담는다.

평가자 체크리스트

학습내용	평가 항목	성취수준		
		상	중	하
전·적 재료 준비 및 계량	조리 특성에 맞는 도구 선택 능력			
	재료의 계량 능력			
전·적 재료 전처리	조리 방법에 맞는 전처리 능력			
전·적 조리	밀가루, 달걀 등의 재료를 섞어 반죽 물 농도를 조절하는 능력			
	조리의 종류에 따라 속 재료 및 혼합 재료 등을 만드는 능력			
	재료 특성에 따라 풍미 있게 지져 내는 능력			
	기름 온도를 조절하는 능력			
그릇 선택	그릇을 선택하는 능력			
전·적 담아 완성	전의 기름을 제거하여 담아 내는 능력			
	적에 고명을 올려 완성하는 능력			
	양념장을 곁들이는 능력			

서술형 시험

학습내용	평가 항목	성취수준		
		상	중	하
전·적 재료 준비 및 계량	- 조리 특성에 맞는 도구 선택 방법			
	- 재료의 계량 방법			
전·적 재료 전처리	- 조리 방법에 맞는 전처리 방법			
전·적 조리	- 기름의 종류와 특성에 대한 설명			
	- 사용 가능한 가루의 종류 및 특성 설명			
	- 전·적을 익히는 적절한 온도 조절 방법			
	- 전과 적의 차이점에 대한 설명			
그릇 선택	- 그릇을 선택하는 방법			
전·적 담아 완성	- 전과 적을 담는 방법			
	- 적의 고명의 종류 및 올려 완성하는 방법			
	- 곁들이는 양념장에 대한 설명			

작업장 평가

학습내용	평가 항목	성취수준		
		상	중	하
전·적 재료 준비 및 계량	조리 특성에 맞는 팬 또는 석쇠 등의 도구 선택 능력			
	재료의 계량 능력			
전·적 재료 전처리	조리 방법에 맞는 전처리 능력			
전·적 조리	전의 농도를 조절하는 능력			
	적을 색스럽게 꼬치에 끼우는 능력			
	메뉴에 따른 기름 온도 조절 능력			
	전·적을 익혀 조리하는 능력			
그릇 선택	메뉴에 어울리는 그릇을 선택하는 능력			
전·적 담아 완성	기름기를 제거하는 능력			
	음식의 온도를 유지하여 완성하는 능력			
	적에 고명을 올려 완성하는 능력			
	양념장을 곁들여 완성하는 능력			

학습자 완성품 사진

꽈리고추산적

재료

- 꽈리고추 80g
- 소고기 100g
- 잣 1/2큰술
- 식용유 2큰술
- 산적꼬치

소금물
- 물 1컵
- 소금 1/3작은술

고기양념
- 간장 1큰술
- 다진 대파 1큰술
- 다진 마늘 1/2큰술
- 참기름 1작은술
- 깨소금 1/2작은술
- 후춧가루 1/8작은술

만드는 법

재료 확인하기
1 꽈리고추, 소금, 소고기, 잣, 간장, 식용유 등을 확인한다.

사용할 도구 선택하기
2 냄비, 프라이팬, 나무젓가락 등을 선택하여 준비한다.

재료 계량하기
3 각각의 재료 분량을 컵과 계량스푼, 저울로 계량하기

재료 준비하기
4 꽈리고추는 꼭지를 떼고 바늘로 찔러둔다.
5 소고기는 길이 8cm, 두께 0.5cm, 폭 1.5cm 크기로 썬다.
6 잣은 고깔을 떼고 마른 면포로 닦아 다진다.

조리하기
7 끓는 소금물에 꽈리고추를 데친 뒤 찬물에 헹군다.
8 소고기는 간장, 대파, 마늘, 참기름, 참깨, 후춧가루로 양념을 한다.
9 꼬치에 꽈리고추, 고기, 꽈리고추, 고기, 꽈리고추 순으로 끼워 석쇠에 굽거나, 팬에 식용유를 둘러 앞뒤로 지진다.

담아 완성하기
10 꽈리고추산적 담을 그릇을 선택한다.
11 꽈리고추산적은 따뜻하게 담아낸다. 잣가루로 고명을 한다.

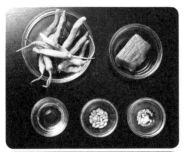

학습 평가

평가자 체크리스트

학습내용	평가 항목	성취수준		
		상	중	하
전·적 재료 준비 및 계량	조리 특성에 맞는 도구 선택 능력			
	재료의 계량 능력			
전·적 재료 전처리	조리 방법에 맞는 전처리 능력			
전·적 조리	밀가루, 달걀 등의 재료를 섞어 반죽 물 농도를 조절하는 능력			
	조리의 종류에 따라 속 재료 및 혼합 재료 등을 만드는 능력			
	재료 특성에 따라 풍미 있게 지져 내는 능력			
	기름 온도를 조절하는 능력			
그릇 선택	그릇을 선택하는 능력			
전·적 담아 완성	전의 기름을 제거하여 담아 내는 능력			
	적에 고명을 올려 완성하는 능력			
	양념장을 곁들이는 능력			

서술형 시험

학습내용	평가 항목	성취수준		
		상	중	하
전·적 재료 준비 및 계량	- 조리 특성에 맞는 도구 선택 방법			
	- 재료의 계량 방법			
전·적 재료 전처리	- 조리 방법에 맞는 전처리 방법			
전·적 조리	- 기름의 종류와 특성에 대한 설명			
	- 사용 가능한 가루의 종류 및 특성 설명			
	- 전·적을 익히는 적절한 온도 조절 방법			
	- 전과 적의 차이점에 대한 설명			
그릇 선택	- 그릇을 선택하는 방법			
전·적 담아 완성	- 전과 적을 담는 방법			
	- 적의 고명의 종류 및 올려 완성하는 방법			
	- 곁들이는 양념장에 대한 설명			

작업장 평가

학습내용	평가 항목	성취수준		
		상	중	하
전·적 재료 준비 및 계량	조리 특성에 맞는 팬 또는 석쇠 등의 도구 선택 능력			
	재료의 계량 능력			
전·적 재료 전처리	조리 방법에 맞는 전처리 능력			
전·적 조리	전의 농도를 조절하는 능력			
	적을 색스럽게 꼬치에 끼우는 능력			
	메뉴에 따른 기름 온도 조절 능력			
	전·적을 익혀 조리하는 능력			
그릇 선택	메뉴에 어울리는 그릇을 선택하는 능력			
전·적 담아 완성	기름기를 제거하는 능력			
	음식의 온도를 유지하여 완성하는 능력			
	적에 고명을 올려 완성하는 능력			
	양념장을 곁들여 완성하는 능력			

학습자 완성품 사진

새송이버섯산적

재료

- 새송이버섯 100g(1개)
- 소금 1작은술
- 참기름 1작은술
- 소고기 100g
- 식용유 2큰술

고기양념

- 간장 1큰술
- 설탕 1큰술
- 다진 대파 2작은술
- 다진 마늘 1작은술
- 참기름 1작은술
- 깨소금 1/2작은술
- 후춧가루 1/8작은술

만드는 법

재료 확인하기

1 새송이, 소금, 참기름, 소고기, 식용유 등 확인하기

사용할 도구 선택하기

2 프라이팬, 나무젓가락 등을 선택하여 준비한다.

재료 계량하기

3 각각의 재료 분량을 컵과 계량스푼, 저울로 계량하기

재료 준비하기

4 새송이는 뿌리 쪽의 모래를 잘 손질하고 물에 씻어 7cm×1.5× 0.6cm 크기로 썬다.
5 고기는 힘줄과 기름을 제거하고 8cm×1.5cm×0.5cm 크기로 썰어 칼등으로 자근자근 두들겨 부드럽게 한다.
6 잣은 고깔을 떼고 마른 면포로 닦아 다진다.

조리하기

7 새송이에 소금과 참기름을 잘 버무려둔다.
8 간장, 설탕, 대파, 마늘, 참깨, 참기름, 후춧가루로 고기에 양념을 한다.
9 산적꼬치에 고기, 송이, 고기, 송이, 고기 순으로 끼워 달궈진 팬에 식용유를 두르고 앞뒤로 굽는다.
10 산적꼬치는 양끝을 1cm 정도 남기고 자른다.

담아 완성하기

11 새송이버섯산적 담을 그릇을 선택한다.
12 새송이버섯산적은 따뜻하게 담아낸다. 잣가루로 고명을 한다.

학습
평가

평가자 체크리스트

학습내용	평가 항목	성취수준		
		상	중	하
전·적 재료 준비 및 계량	조리 특성에 맞는 도구 선택 능력			
	재료의 계량 능력			
전·적 재료 전처리	조리 방법에 맞는 전처리 능력			
전·적 조리	밀가루, 달걀 등의 재료를 섞어 반죽 물 농도를 조절하는 능력			
	조리의 종류에 따라 속 재료 및 혼합 재료 등을 만드는 능력			
	재료 특성에 따라 풍미 있게 지져 내는 능력			
	기름 온도를 조절하는 능력			
그릇 선택	그릇을 선택하는 능력			
전·적 담아 완성	전의 기름을 제거하여 담아 내는 능력			
	적에 고명을 올려 완성하는 능력			
	양념장을 곁들이는 능력			

서술형 시험

학습내용	평가 항목	성취수준		
		상	중	하
전·적 재료 준비 및 계량	– 조리 특성에 맞는 도구 선택 방법			
	– 재료의 계량 방법			
전·적 재료 전처리	– 조리 방법에 맞는 전처리 방법			
전·적 조리	– 기름의 종류와 특성에 대한 설명			
	– 사용 가능한 가루의 종류 및 특성 설명			
	– 전·적을 익히는 적절한 온도 조절 방법			
	– 전과 적의 차이점에 대한 설명			
그릇 선택	– 그릇을 선택하는 방법			
전·적 담아 완성	– 전과 적을 담는 방법			
	– 적의 고명의 종류 및 올려 완성하는 방법			
	– 곁들이는 양념장에 대한 설명			

작업장 평가

학습내용	평가 항목	성취수준		
		상	중	하
전·적 재료 준비 및 계량	조리 특성에 맞는 팬 또는 석쇠 등의 도구 선택 능력			
	재료의 계량 능력			
전·적 재료 전처리	조리 방법에 맞는 전처리 능력			
전·적 조리	전의 농도를 조절하는 능력			
	적을 색스럽게 꼬치에 끼우는 능력			
	메뉴에 따른 기름 온도 조절 능력			
	전·적을 익혀 조리하는 능력			
그릇 선택	메뉴에 어울리는 그릇을 선택하는 능력			
전·적 담아 완성	기름기를 제거하는 능력			
	음식의 온도를 유지하여 완성하는 능력			
	적에 고명을 올려 완성하는 능력			
	양념장을 곁들여 완성하는 능력			

학습자 완성품 사진

장산적

재료

재료

- 소고기 우둔살 150g
- 두부 50g
- 잣가루 1작은술

고기양념

- 간장 2작은술
- 소금 1/4작은술
- 설탕 2작은술
- 다진 대파 2작은술
- 다진 마늘 1작은술
- 참기름 1작은술
- 깨소금 1/2작은술
- 후춧가루 1/8작은술

조림장

- 간장 1/2큰술
- 설탕 1/2큰술
- 물 5큰술
- 참기름 1작은술

만드는 법

재료 확인하기

1 소고기 우둔살, 두부, 잣, 소금, 설탕, 대파 등 확인하기

사용할 도구 선택하기

2 석쇠, 프라이팬, 나무젓가락 등을 선택하여 준비한다.

재료 계량하기

3 각각의 재료 분량을 컵과 계량스푼, 저울로 계량하기

재료 준비하기

4 소고기 우둔살은 곱게 다지고 핏물을 제거한다.
5 두부는 면포에 싸서 물기를 제거하고 곱게 으깬다.
6 잣은 고깔을 떼고 마른 면포로 닦아 다진다.

조리하기

7 소고기와 두부를 함께 양념하고 끈기가 나도록 고루 치대어 섞는다.
8 도마에 양념한 고기를 얹어 두께 1cm 정도로 네모지게 만들어 윗면을 칼등으로 자근자근 두들긴다.
9 석쇠에 양념된 고기를 얹어 고루 익힌다.
10 2cm×2cm 크기로 썬다.
11 조림장에 조린다.

담아 완성하기

12 장산적 담을 그릇을 선택한다.
13 장산적은 따뜻하게 그릇에 담는다. 잣가루로 고명을 한다.

학습 평가

| 평가자 체크리스트

학습내용	평가 항목	성취수준		
		상	중	하
전·적 재료 준비 및 계량	조리 특성에 맞는 도구 선택 능력			
	재료의 계량 능력			
전·적 재료 전처리	조리 방법에 맞는 전처리 능력			
전·적 조리	밀가루, 달걀 등의 재료를 섞어 반죽 물 농도를 조절하는 능력			
	조리의 종류에 따라 속 재료 및 혼합 재료 등을 만드는 능력			
	재료 특성에 따라 풍미 있게 지져 내는 능력			
	기름 온도를 조절하는 능력			
그릇 선택	그릇을 선택하는 능력			
전·적 담아 완성	전의 기름을 제거하여 담아 내는 능력			
	적에 고명을 올려 완성하는 능력			
	양념장을 곁들이는 능력			

| 서술형 시험

학습내용	평가 항목	성취수준		
		상	중	하
전·적 재료 준비 및 계량	- 조리 특성에 맞는 도구 선택 방법			
	- 재료의 계량 방법			
전·적 재료 전처리	- 조리 방법에 맞는 전처리 방법			
전·적 조리	- 기름의 종류와 특성에 대한 설명			
	- 사용 가능한 가루의 종류 및 특성 설명			
	- 전·적을 익히는 적절한 온도 조절 방법			
	- 전과 적의 차이점에 대한 설명			
그릇 선택	- 그릇을 선택하는 방법			
전·적 담아 완성	- 전과 적을 담는 방법			
	- 적의 고명의 종류 및 올려 완성하는 방법			
	- 곁들이는 양념장에 대한 설명			

작업장 평가

학습내용	평가 항목	성취수준		
		상	중	하
전·적 재료 준비 및 계량	조리 특성에 맞는 팬 또는 석쇠 등의 도구 선택 능력			
	재료의 계량 능력			
전·적 재료 전처리	조리 방법에 맞는 전처리 능력			
전·적 조리	전의 농도를 조절하는 능력			
	적을 색스럽게 꼬치에 끼우는 능력			
	메뉴에 따른 기름 온도 조절 능력			
	전·적을 익혀 조리하는 능력			
그릇 선택	메뉴에 어울리는 그릇을 선택하는 능력			
전·적 담아 완성	기름기를 제거하는 능력			
	음식의 온도를 유지하여 완성하는 능력			
	적에 고명을 올려 완성하는 능력			
	양념장을 곁들여 완성하는 능력			

학습자 완성품 사진

사슬적

재료

- 흰살 생선 150g
- 소고기 우둔 50g
- 밀가루 3큰술
- 식용유 3큰술 · 산적꼬치

생선양념
- 소금 1/4작은술
- 간장 1/2작은술
- 참기름 1/2작은술
- 청주 1/2작은술
- 생강즙 1/4작은술
- 후춧가루 약간

고기양념
- 간장 1/2큰술
- 설탕 1/2큰술
- 다진 대파 1작은술
- 다진 마늘 1/2작은술
- 참기름 1/2작은술
- 깨소금 1/2작은술
- 후춧가루 1/8작은술

초간장
- 간장 1큰술
- 식초 1큰술
- 물 1큰술
- 잣가루 1작은술

만드는 법

재료 확인하기
1 흰살 생선, 소고기 우둔, 밀가루, 식용유, 소금, 간장 등 확인하기

사용할 도구 선택하기
2 냄비, 프라이팬, 나무젓가락 등을 선택하여 준비한다.

재료 계량하기
3 각각의 재료 분량을 컵과 계량스푼, 저울로 계량하기

재료 준비하기
4 흰살 생선은 7cm×1cm×0.8cm 크기로 썰어 소금으로 살짝 절였다가 물기를 제거한다.
5 소고기는 살만으로 준비하여 곱게 다진다.
6 두부는 물기를 제거하고 곱게 으깬다.

조리하기
7 물기를 제거한 생선은 간장, 참기름, 청주, 생강즙, 후춧가루를 넣어 양념을 한다.
8 으깬 두부와 소고기는 합하여 고기양념으로 고루 버무린다.
9 산적꼬치에 생선을 세 개 끼우고 밀가루를 옆면에 바른다. 양념한 고기를 생선 사이에 채워서 고르게 눌러 모양을 잡는다.
10 달궈진 팬에 식용유를 두르고 양면을 지져 익힌다.
11 초간장을 만든다.

담아 완성하기
12 사슬적 담을 그릇을 선택한다.
13 꼬치를 뺀 사슬적을 담아낸다. 초간장을 곁들인다.

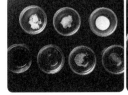

학습 평가

| 평가자 체크리스트

학습내용	평가 항목	성취수준		
		상	중	하
전·적 재료 준비 및 계량	조리 특성에 맞는 도구 선택 능력			
	재료의 계량 능력			
전·적 재료 전처리	조리 방법에 맞는 전처리 능력			
전·적 조리	밀가루, 달걀 등의 재료를 섞어 반죽 물 농도를 조절하는 능력			
	조리의 종류에 따라 속 재료 및 혼합 재료 등을 만드는 능력			
	재료 특성에 따라 풍미 있게 지져 내는 능력			
	기름 온도를 조절하는 능력			
그릇 선택	그릇을 선택하는 능력			
전·적 담아 완성	전의 기름을 제거하여 담아 내는 능력			
	적에 고명을 올려 완성하는 능력			
	양념장을 곁들이는 능력			

| 서술형 시험

학습내용	평가 항목	성취수준		
		상	중	하
전·적 재료 준비 및 계량	- 조리 특성에 맞는 도구 선택 방법			
	- 재료의 계량 방법			
전·적 재료 전처리	- 조리 방법에 맞는 전처리 방법			
전·적 조리	- 기름의 종류와 특성에 대한 설명			
	- 사용 가능한 가루의 종류 및 특성 설명			
	- 전·적을 익히는 적절한 온도 조절 방법			
	- 전과 적의 차이점에 대한 설명			
그릇 선택	- 그릇을 선택하는 방법			
전·적 담아 완성	- 전과 적을 담는 방법			
	- 적의 고명의 종류 및 올려 완성하는 방법			
	- 곁들이는 양념장에 대한 설명			

작업장 평가

학습내용	평가 항목	성취수준		
		상	중	하
전·적 재료 준비 및 계량	조리 특성에 맞는 팬 또는 석쇠 등의 도구 선택 능력			
	재료의 계량 능력			
전·적 재료 전처리	조리 방법에 맞는 전처리 능력			
전·적 조리	전의 농도를 조절하는 능력			
	적을 색스럽게 꼬치에 끼우는 능력			
	메뉴에 따른 기름 온도 조절 능력			
	전·적을 익혀 조리하는 능력			
그릇 선택	메뉴에 어울리는 그릇을 선택하는 능력			
전·적 담아 완성	기름기를 제거하는 능력			
	음식의 온도를 유지하여 완성하는 능력			
	적에 고명을 올려 완성하는 능력			
	양념장을 곁들여 완성하는 능력			

학습자 완성품 사진

김치적

- 배추김치 100g · 참기름 1/2작은술
- 소고기 50g · 불린 표고버섯 1개
- 통도라지 1개
- 산적꼬치

도라지 데칠 물

- 소금 1/2작은술 · 물 2컵

도라지양념

- 참기름 1/3작은술
- 소금 1/8작은술
- 달걀 1개
- 밀가루 3큰술
- 식용유 3큰술

고기양념

- 간장 1/2큰술
- 설탕 1/2큰술
- 다진 대파 1작은술
- 다진 마늘 1/2작은술
- 참기름 1/2작은술
- 깨소금 1/2작은술
- 후춧가루 1/8작은술

초간장

- 간장 1큰술 · 식초 1큰술
- 물 1큰술 · 잣가루 1작은술

만드는 법

재료 확인하기

1 배추김치, 참기름, 소고기, 표고버섯, 통도라지, 소금, 참기름 등 확인하기

사용할 도구 선택하기

2 프라이팬, 나무젓가락 등을 선택하여 준비한다.

재료 계량하기

3 각각의 재료 분량을 컵과 계량스푼, 저울로 계량하기

재료 준비하기

4 배추김치는 속을 털어내고 7cm×1.5cm 크기로 썬다.
5 소고기는 힘줄과 기름을 제거하고 8cm×1.5cm×0.5cm 크기로 썰어 칼등으로 자근자근 두들긴다.
6 표고버섯은 잘 불려 1cm 폭으로 길게 썬다.
7 통도라지는 7cm×1cm×0.5cm 크기로 썬다.

조리하기

8 배추김치는 참기름으로 양념한다.
9 소고기와 표고버섯은 각각 고기양념을 한다.
10 도라지는 끓는 소금물에 삶아 찬물에 헹군다. 데친 도라지는 참기름, 소금으로 간을 한다.
11 산적꼬치에 준비한 재료를 번갈아 색스럽게 끼운다.
12 밀가루를 묻혀 톡톡 털어내고 달걀을 입혀 노릇노릇하게 지진 뒤 뜨거울 때 산적꼬치를 뺀다.
13 초간장을 만든다.

담아 완성하기

14 김치적 담을 그릇을 선택한다.
15 김치적을 따뜻하게 담아낸다. 초간장을 곁들인다.

학습 평가

| 평가자 체크리스트

학습내용	평가 항목	성취수준		
		상	중	하
전·적 재료 준비 및 계량	조리 특성에 맞는 도구 선택 능력			
	재료의 계량 능력			
전·적 재료 전처리	조리 방법에 맞는 전처리 능력			
전·적 조리	밀가루, 달걀 등의 재료를 섞어 반죽 물 농도를 조절하는 능력			
	조리의 종류에 따라 속 재료 및 혼합 재료 등을 만드는 능력			
	재료 특성에 따라 풍미 있게 지져 내는 능력			
	기름 온도를 조절하는 능력			
그릇 선택	그릇을 선택하는 능력			
전·적 담아 완성	전의 기름을 제거하여 담아 내는 능력			
	적에 고명을 올려 완성하는 능력			
	양념장을 곁들이는 능력			

| 서술형 시험

학습내용	평가 항목	성취수준		
		상	중	하
전·적 재료 준비 및 계량	– 조리 특성에 맞는 도구 선택 방법			
	– 재료의 계량 방법			
전·적 재료 전처리	– 조리 방법에 맞는 전처리 방법			
전·적 조리	– 기름의 종류와 특성에 대한 설명			
	– 사용 가능한 가루의 종류 및 특성 설명			
	– 전·적을 익히는 적절한 온도 조절 방법			
	– 전과 적의 차이점에 대한 설명			
그릇 선택	– 그릇을 선택하는 방법			
전·적 담아 완성	– 전과 적을 담는 방법			
	– 적의 고명의 종류 및 올려 완성하는 방법			
	– 곁들이는 양념장에 대한 설명			

작업장 평가

학습내용	평가 항목	성취수준		
		상	중	하
전·적 재료 준비 및 계량	조리 특성에 맞는 팬 또는 석쇠 등의 도구 선택 능력			
	재료의 계량 능력			
전·적 재료 전처리	조리 방법에 맞는 전처리 능력			
전·적 조리	전의 농도를 조절하는 능력			
	적을 색스럽게 꼬치에 끼우는 능력			
	메뉴에 따른 기름 온도 조절 능력			
	전·적을 익혀 조리하는 능력			
그릇 선택	메뉴에 어울리는 그릇을 선택하는 능력			
전·적 담아 완성	기름기를 제거하는 능력			
	음식의 온도를 유지하여 완성하는 능력			
	적에 고명을 올려 완성하는 능력			
	양념장을 곁들여 완성하는 능력			

학습자 완성품 사진

화전

재료

- 찹쌀가루(방앗간용) 100g
- 끓는 물
- 소금 5g
- 대추 1개
- 쑥갓 10g
- 식용유 10ml
- 설탕 40g

만드는 법

재료 확인하기

1 찹쌀가루, 소금, 대추, 쑥갓, 식용유 등 확인하기

사용할 도구 선택하기

2 냄비, 프라이팬, 나무젓가락 등을 선택하여 준비한다.

재료 계량하기

3 각각의 재료 분량을 컵과 계량스푼, 저울로 계량하기

재료 준비하기

4 대추는 씨를 빼고 돌돌 말아 썬다.
5 쑥갓은 고명으로 사용할 잎을 떼어 찬물에 담근다.

조리하기

6 찹쌀가루는 끓는 물과 소금을 넣어 익반죽한다.
7 직경 5cm×0.4cm 크기로 둥글납작하게 빚어 기름 바른 그릇에 둔다.
8 달구어진 팬에 빚어 놓은 찹쌀반죽을 올려 아래쪽이 말갛게 익으면 뒤집어 익힌 뒤 고명을 한다.
9 설탕과 물을 동량으로 끓여 시럽을 만든다.

담아 완성하기

10 화전 담을 그릇을 선택한다.
11 그릇에 화전 5개를 담고 시럽을 끼얹는다.

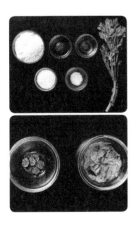
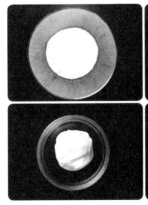
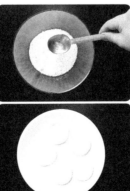

학습 평가

평가자 체크리스트

학습내용	평가 항목	성취수준		
		상	중	하
전·적 재료 준비 및 계량	조리 특성에 맞는 도구 선택 능력			
	재료의 계량 능력			
전·적 재료 전처리	조리 방법에 맞는 전처리 능력			
전·적 조리	밀가루, 달걀 등의 재료를 섞어 반죽 물 농도를 조절하는 능력			
	조리의 종류에 따라 속 재료 및 혼합 재료 등을 만드는 능력			
	재료 특성에 따라 풍미 있게 지져 내는 능력			
	기름 온도를 조절하는 능력			
그릇 선택	그릇을 선택하는 능력			
전·적 담아 완성	전의 기름을 제거하여 담아 내는 능력			
	적에 고명을 올려 완성하는 능력			
	양념장을 곁들이는 능력			

서술형 시험

학습내용	평가 항목	성취수준		
		상	중	하
전·적 재료 준비 및 계량	– 조리 특성에 맞는 도구 선택 방법			
	– 재료의 계량 방법			
전·적 재료 전처리	– 조리 방법에 맞는 전처리 방법			
전·적 조리	– 기름의 종류와 특성에 대한 설명			
	– 사용 가능한 가루의 종류 및 특성 설명			
	– 전·적을 익히는 적절한 온도 조절 방법			
	– 전과 적의 차이점에 대한 설명			
그릇 선택	– 그릇을 선택하는 방법			
전·적 담아 완성	– 전과 적을 담는 방법			
	– 적의 고명의 종류 및 올려 완성하는 방법			
	– 곁들이는 양념장에 대한 설명			

작업장 평가

학습내용	평가 항목	성취수준		
		상	중	하
전·적 재료 준비 및 계량	조리 특성에 맞는 팬 또는 석쇠 등의 도구 선택 능력			
	재료의 계량 능력			
전·적 재료 전처리	조리 방법에 맞는 전처리 능력			
전·적 조리	전의 농도를 조절하는 능력			
	적을 색스럽게 꼬치에 끼우는 능력			
	메뉴에 따른 기름 온도 조절 능력			
	전·적을 익혀 조리하는 능력			
그릇 선택	메뉴에 어울리는 그릇을 선택하는 능력			
전·적 담아 완성	기름기를 제거하는 능력			
	음식의 온도를 유지하여 완성하는 능력			
	적에 고명을 올려 완성하는 능력			
	양념장을 곁들여 완성하는 능력			

학습자 완성품 사진

수험자 유의사항

1) 만드는 순서에 유의하며, 위생과 숙련된 기능평가를 위하여 조리작업 시 맛을 보지 않습니다.

2) 지정된 수험자 지참준비물 이외의 조리기구나 재료를 시험장 내에 지참할 수 없습니다.

3) 지급재료는 시험 전 확인하여 이상이 있을 경우 시험위원으로부터 조치를 받고 시험 중에는 재료의 교환 및 추가지급은 하지 않습니다.

4) 요구사항 및 지급재료의 규격은 "정도"의 의미를 포함하며, 재료의 크기에 따라 가감하여 채점됩니다.

5) 위생복, 위생모, 앞치마, 마스크를 착용하여야 하며, 시험장비 · 조리기구 취급 등 안전에 유의합니다.

6) 다음 사항은 실격에 해당하여 채점 대상에서 제외됩니다.

    가) 수험자 본인이 시험 도중 시험에 대한 포기 의사를 표현하는 경우

    나) 위생복, 위생모, 앞치마, 마스크를 착용하지 않은 경우

    다) 시험시간 내에 과제 두 가지를 제출하지 못한 경우

    라) 문제의 요구사항대로 과제의 수량이 만들어지지 않은 경우

    마) 구이를 조림 등으로 조리하여 완성품을 요구사항과 다르게 만든 경우

    바) 불을 사용하여 만든 조리작품이 작품특성에 벗어나는 정도로 타거나 익지 않은 경우

    사) 해당 과제의 지급재료 이외 재료를 사용하거나 석쇠 등 요구사항의 조리기구를 사용하지 않은 경우

    아) 지정된 수험자 지참준비물 이외의 조리기구를 조리에 사용한 경우

    자) 가스레인지 화구 2개 이상(2개 포함) 사용한 경우

    차) 시험 중 시설 · 장비(칼, 가스레인지 등) 사용 시 시험위원 및 타 수험자의 시험 진행에 위해를 일으킬 것으로 시험위원 전원이 합의하여 판단한 경우

    카) 요구사항에 표시된 실격 및 부정행위에 해당하는 경우

7) 항목별 배점은 위생상태 및 안전관리 5점, 조리기술 30점, 작품의 평가 15점입니다.

8) 시험시작 전 가벼운 몸 풀기(스트레칭) 동작으로 긴장을 풀고 시험을 시작합니다.

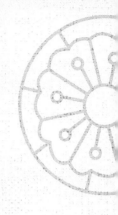

한식조리기능사
실기 품목

 요구사항

※ 주어진 재료를 사용하여 다음과 같이 풋고추전을 만드시오.

가. 풋고추는 5cm로 정리하여 소를 넣어 지져내시오.

나. 풋고추는 잘라 데쳐서 사용하며 완성된 풋고추전은 8개를 제출하시오.

풋고추전

재료

- 풋고추(길이 11cm 이상) 2개
- 소고기 우둔살 30g
- 두부 15g
- 밀가루(중력분) 15g
- 달걀 1개
- 식용유 20ml
- 대파(흰부분, 4cm) 1토막
- 검은후춧가루 1g
- 참기름 5ml
- 소금(정제염) 5g
- 깨소금 5g
- 마늘(중, 깐것) 1쪽
- 백설탕 5g

만드는 법

재료 확인하기
1 풋고추, 소고기, 두부, 밀가루, 달걀, 소금 등 확인하기

사용할 도구 선택하기
2 프라이팬, 나무젓가락 등을 선택하여 준비한다.

재료 계량하기
3 각각의 재료 분량을 컵과 계량스푼, 저울로 계량하기

재료 준비하기
4 대파, 마늘은 곱게 다진다.
5 풋고추는 꼭지를 1cm 정도로 자르고, 길이 반으로 잘라 씨를 제거한다. 풋고추를 5cm 길이로 썬다.
6 소고기는 핏물을 제거하고, 곱게 다진다.
7 두부는 면포로 물기를 제거하고 으깬다.

양념장 만들기
8 다진 대파 1/2작은술, 다진 마늘 1/4작은술, 설탕 1/3작은술, 참기름 1작은술, 깨소금 1/3작은술, 소금 1/3작은술, 후춧가루 약간을 잘 섞어 양념장을 만든다.

조리하기
9 소고기와 두부를 합하여 양념장으로 잘 버무린다.
10 달걀에 소금을 넣어 잘 풀어둔다.
11 풋고추는 끓는 소금물에 데쳐 찬물에 헹궈 물기를 제거한다.
12 풋고추 안쪽에 밀가루를 묻혀 톡톡 털어내고 소를 넣어 밀가루를 묻힌 뒤 달걀을 입혀 노릇하게 지진다.

담아 완성하기
13 풋고추전 담을 그릇을 선택한다.
14 풋고추전은 기름을 제거하여 8개를 따뜻하게 담아낸다.

학습 평가

| 평가자 체크리스트

학습내용	평가 항목	성취수준		
		상	중	하
전·적 재료 준비 및 계량	조리 특성에 맞는 도구 선택 능력			
	재료의 계량 능력			
전·적 재료 전처리	조리 방법에 맞는 전처리 능력			
전·적 조리	밀가루, 달걀 등의 재료를 섞어 반죽 물 농도를 조절하는 능력			
	조리의 종류에 따라 속 재료 및 혼합 재료 등을 만드는 능력			
	재료 특성에 따라 풍미 있게 지져 내는 능력			
	기름 온도를 조절하는 능력			
그릇 선택	그릇을 선택하는 능력			
전·적 담아 완성	전의 기름을 제거하여 담아 내는 능력			
	적에 고명을 올려 완성하는 능력			
	양념장을 곁들이는 능력			

| 서술형 시험

학습내용	평가 항목	성취수준		
		상	중	하
전·적 재료 준비 및 계량	- 조리 특성에 맞는 도구 선택 방법			
	- 재료의 계량 방법			
전·적 재료 전처리	- 조리 방법에 맞는 전처리 방법			
전·적 조리	- 기름의 종류와 특성에 대한 설명			
	- 사용 가능한 가루의 종류 및 특성 설명			
	- 전·적을 익히는 적절한 온도 조절 방법			
	- 전과 적의 차이점에 대한 설명			
그릇 선택	- 그릇을 선택하는 방법			
전·적 담아 완성	- 전과 적을 담는 방법			
	- 적의 고명의 종류 및 올려 완성하는 방법			
	- 곁들이는 양념장에 대한 설명			

▌작업장 평가

학습내용	평가 항목	성취수준		
		상	중	하
전·적 재료 준비 및 계량	조리 특성에 맞는 팬 또는 석쇠 등의 도구 선택 능력			
	재료의 계량 능력			
전·적 재료 전처리	조리 방법에 맞는 전처리 능력			
전·적 조리	전의 농도를 조절하는 능력			
	적을 색스럽게 꼬치에 끼우는 능력			
	메뉴에 따른 기름 온도 조절 능력			
	전·적을 익혀 조리하는 능력			
그릇 선택	메뉴에 어울리는 그릇을 선택하는 능력			
전·적 담아 완성	기름기를 제거하는 능력			
	음식의 온도를 유지하여 완성하는 능력			
	적에 고명을 올려 완성하는 능력			
	양념장을 곁들여 완성하는 능력			

▌학습자 완성품 사진

※ **주어진 재료를 사용하여 다음과 같이 표고전을 만드시오.**

가. 표고버섯과 속은 각각 양념하여 사용하시오.

나. 표고전은 5개를 제출하시오.

표고전

재료

- 불린 표고버섯 5개
- 소고기 우둔살 30g
- 두부 15g
- 밀가루 20g
- 달걀 1개
- 식용유 20ml

버섯양념

- 진간장 1/3작은술
- 백설탕 1/5작은술
- 참기름 1작은술
- 검은후춧가루 약간

고기양념

- 진간장 1/4작은술
- 백설탕 1/2작은술
- 다진 대파 1/2작은술
- 다진 마늘 1/4작은술
- 참기름 1/3작은술
- 깨소금 1/4작은술
- 검은후춧가루 약간

만드는 법

재료 확인하기

1 표고버섯, 소고기 두부, 밀가루, 달걀 등 확인하기

사용할 도구 선택하기

2 프라이팬, 나무젓가락 등을 선택하여 준비한다.

재료 계량하기

3 각각의 재료 분량을 컵과 계량스푼, 저울로 계량하기

재료 준비하기

4 표고버섯은 따뜻한 물에 불려 기둥을 떼고 물기를 제거한다. 간장, 설탕, 참기름, 후춧가루를 넣어 조물조물 양념을 한다.
5 소고기는 핏물을 제거하고 곱게 다진다.
6 두부는 면포에 꼭꼭 눌러 물기를 없애고 곱게 으깬다.
7 달걀은 그릇에 흰자, 노른자를 섞어 소금 간을 하여 젓가락으로 풀어 놓는다.

조리하기

8 소고기와 두부를 합하여 고기양념을 한다.
9 표고버섯 안쪽에 밀가루를 묻히고 소고기와 두부를 섞어 양념한 것을 편편하게 채운다.
10 소고기와 두부를 편편하게 채운 쪽에 밀가루를 묻혀 톡톡 털고 달걀물에 담갔다가 약한 불에서 식용유를 둘러 지진다.

담아 완성하기

11 표고버섯전 담을 그릇을 선택한다.
12 표고버섯전은 기름을 제거하여 따뜻하게 담아낸다.

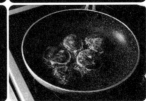
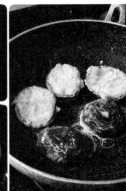

평가자 체크리스트

학습내용	평가 항목	성취수준		
		상	중	하
전·적 재료 준비 및 계량	조리 특성에 맞는 도구 선택 능력			
	재료의 계량 능력			
전·적 재료 전처리	조리 방법에 맞는 전처리 능력			
전·적 조리	밀가루, 달걀 등의 재료를 섞어 반죽 물 농도를 조절하는 능력			
	조리의 종류에 따라 속 재료 및 혼합 재료 등을 만드는 능력			
	재료 특성에 따라 풍미 있게 지져 내는 능력			
	기름 온도를 조절하는 능력			
그릇 선택	그릇을 선택하는 능력			
전·적 담아 완성	전의 기름을 제거하여 담아 내는 능력			
	적에 고명을 올려 완성하는 능력			
	양념장을 곁들이는 능력			

서술형 시험

학습내용	평가 항목	성취수준		
		상	중	하
전·적 재료 준비 및 계량	– 조리 특성에 맞는 도구 선택 방법			
	– 재료의 계량 방법			
전·적 재료 전처리	– 조리 방법에 맞는 전처리 방법			
전·적 조리	– 기름의 종류와 특성에 대한 설명			
	– 사용 가능한 가루의 종류 및 특성 설명			
	– 전·적을 익히는 적절한 온도 조절 방법			
	– 전과 적의 차이점에 대한 설명			
그릇 선택	– 그릇을 선택하는 방법			
전·적 담아 완성	– 전과 적을 담는 방법			
	– 적의 고명의 종류 및 올려 완성하는 방법			
	– 곁들이는 양념장에 대한 설명			

작업장 평가

학습내용	평가 항목	성취수준		
		상	중	하
전·적 재료 준비 및 계량	조리 특성에 맞는 팬 또는 석쇠 등의 도구 선택 능력			
	재료의 계량 능력			
전·적 재료 전처리	조리 방법에 맞는 전처리 능력			
전·적 조리	전의 농도를 조절하는 능력			
	적을 색스럽게 꼬치에 끼우는 능력			
	메뉴에 따른 기름 온도 조절 능력			
	전·적을 익혀 조리하는 능력			
그릇 선택	메뉴에 어울리는 그릇을 선택하는 능력			
전·적 담아 완성	기름기를 제거하는 능력			
	음식의 온도를 유지하여 완성하는 능력			
	적에 고명을 올려 완성하는 능력			
	양념장을 곁들여 완성하는 능력			

학습자 완성품 사진

※ 주어진 재료를 사용하여 다음과 같이 생선전을 만드시오.

가. 생선전은 0.5cm×5cm×4cm로 만드시오.

나. 달걀은 흰자, 노른자를 혼합하여 사용하시오.

다. 생선전은 8개 제출하시오.

생선전

재료

- 동태 1마리(400g)
- 소금 1작은술
- 흰후춧가루 1/5작은술
- 밀가루 3큰술
- 달걀 1개
- 식용유 3큰술

만드는 법

재료 확인하기

1 동태, 소금, 후춧가루, 밀가루, 달걀, 식용유 확인하기

사용할 도구 선택하기

2 프라이팬, 나무젓가락 등을 선택하여 준비한다.

재료 계량하기

3 각각의 재료 분량을 컵과 계량스푼, 저울로 계량하기

재료 준비하기

4 동태는 지느러미를 제거하고 비늘을 긁는다. 내장을 제거하고 물에 깨끗이 씻는다. 3장뜨기를 하여 껍질을 벗기고, 꼬리 쪽부터 0.5cm ×5cm×4cm 크기로 포를 뜬다.

5 소금, 후추로 간을 한다.

6 달걀에 소금을 넣고 풀어 놓는다.

조리하기

7 밑간한 생선에 물기를 제거하고 밀가루를 묻혀 톡톡 턴 뒤 달걀물에 담갔다가 약한 불에 식용유를 두르고 지진다.

담아 완성하기

8 생선전 담을 그릇을 선택한다.

9 생선전은 기름을 제거하여 따뜻하게 8개를 담아낸다.

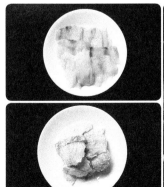

평가자 체크리스트

학습내용	평가 항목	성취수준		
		상	중	하
전·적 재료 준비 및 계량	조리 특성에 맞는 도구 선택 능력			
	재료의 계량 능력			
전·적 재료 전처리	조리 방법에 맞는 전처리 능력			
전·적 조리	밀가루, 달걀 등의 재료를 섞어 반죽 물 농도를 조절하는 능력			
	조리의 종류에 따라 속 재료 및 혼합 재료 등을 만드는 능력			
	재료 특성에 따라 풍미 있게 지져 내는 능력			
	기름 온도를 조절하는 능력			
그릇 선택	그릇을 선택하는 능력			
전·적 담아 완성	전의 기름을 제거하여 담아 내는 능력			
	적에 고명을 올려 완성하는 능력			
	양념장을 곁들이는 능력			

서술형 시험

학습내용	평가 항목	성취수준		
		상	중	하
전·적 재료 준비 및 계량	- 조리 특성에 맞는 도구 선택 방법			
	- 재료의 계량 방법			
전·적 재료 전처리	- 조리 방법에 맞는 전처리 방법			
전·적 조리	- 기름의 종류와 특성에 대한 설명			
	- 사용 가능한 가루의 종류 및 특성 설명			
	- 전·적을 익히는 적절한 온도 조절 방법			
	- 전과 적의 차이점에 대한 설명			
그릇 선택	- 그릇을 선택하는 방법			
전·적 담아 완성	- 전과 적을 담는 방법			
	- 적의 고명의 종류 및 올려 완성하는 방법			
	- 곁들이는 양념장에 대한 설명			

작업장 평가

학습내용	평가 항목	성취수준		
		상	중	하
전·적 재료 준비 및 계량	조리 특성에 맞는 팬 또는 석쇠 등의 도구 선택 능력			
	재료의 계량 능력			
전·적 재료 전처리	조리 방법에 맞는 전처리 능력			
전·적 조리	전의 농도를 조절하는 능력			
	적을 색스럽게 꼬치에 끼우는 능력			
	메뉴에 따른 기름 온도 조절 능력			
	전·적을 익혀 조리하는 능력			
그릇 선택	메뉴에 어울리는 그릇을 선택하는 능력			
전·적 담아 완성	기름기를 제거하는 능력			
	음식의 온도를 유지하여 완성하는 능력			
	적에 고명을 올려 완성하는 능력			
	양념장을 곁들여 완성하는 능력			

학습자 완성품 사진

🍲 요구사항

※ 주어진 재료를 사용하여 다음과 같이 육원전을 만드시오.

가. 육원전은 지름 4cm, 두께 0.7cm가 되도록 하시오.

나. 달걀은 흰자, 노른자를 혼합하여 사용하시오.

다. 육원전 6개를 제출하시오.

육원전

재료

- 소고기 70g
- 두부 30g
- 밀가루 2큰술
- 달걀 1개
- 식용유 3큰술
- 소금 1/2작은술

고기양념

- 소금 1/2작은술
- 백설탕 1/4작은술
- 다진 대파 1작은술
- 다진 마늘 1/2작은술
- 참기름 1작은술
- 깨소금 1/2작은술
- 검은후춧가루 1/5작은술

만드는 법

재료 확인하기

1 소고기, 두부, 밀가루, 달걀, 식용유, 소금 등 확인하기

사용할 도구 선택하기

2 프라이팬, 나무젓가락 등을 선택하여 준비한다.

재료 계량하기

3 각각의 재료 분량을 컵과 계량스푼, 저울로 계량하기

재료 준비하기

4 소고기는 곱게 다져 면포로 핏물을 제거한다.
5 두부는 면포에 꼭꼭 눌러 물기를 없애고 곱게 으깬다.
6 달걀은 그릇에 흰자, 노른자를 섞어 소금 간을 한 뒤 젓가락으로 풀어 놓는다.

조리하기

7 소고기와 두부를 합하여 고기양념을 한다.
8 양념한 고기를 4cm 정도로 둥글고 0.7cm 정도로 납작하게 만들어 밀가루를 묻히고 달걀물에 담갔다가 약한 불에 식용유를 두르고 지진다.

담아 완성하기

9 육원전 담을 그릇을 선택한다.
10 육원전은 기름을 제거하여 따뜻하게 6개를 담아낸다.

평가자 체크리스트

학습내용	평가 항목	성취수준		
		상	중	하
전·적 재료 준비 및 계량	조리 특성에 맞는 도구 선택 능력			
	재료의 계량 능력			
전·적 재료 전처리	조리 방법에 맞는 전처리 능력			
전·적 조리	밀가루, 달걀 등의 재료를 섞어 반죽 물 농도를 조절하는 능력			
	조리의 종류에 따라 속 재료 및 혼합 재료 등을 만드는 능력			
	재료 특성에 따라 풍미 있게 지져 내는 능력			
	기름 온도를 조절하는 능력			
그릇 선택	그릇을 선택하는 능력			
전·적 담아 완성	전의 기름을 제거하여 담아 내는 능력			
	적에 고명을 올려 완성하는 능력			
	양념장을 곁들이는 능력			

서술형 시험

학습내용	평가 항목	성취수준		
		상	중	하
전·적 재료 준비 및 계량	– 조리 특성에 맞는 도구 선택 방법			
	– 재료의 계량 방법			
전·적 재료 전처리	– 조리 방법에 맞는 전처리 방법			
전·적 조리	– 기름의 종류와 특성에 대한 설명			
	– 사용 가능한 가루의 종류 및 특성 설명			
	– 전·적을 익히는 적절한 온도 조절 방법			
	– 전과 적의 차이점에 대한 설명			
그릇 선택	– 그릇을 선택하는 방법			
전·적 담아 완성	– 전과 적을 담는 방법			
	– 적의 고명의 종류 및 올려 완성하는 방법			
	– 곁들이는 양념장에 대한 설명			

작업장 평가

학습내용	평가 항목	성취수준		
		상	중	하
전·적 재료 준비 및 계량	조리 특성에 맞는 팬 또는 석쇠 등의 도구 선택 능력			
	재료의 계량 능력			
전·적 재료 전처리	조리 방법에 맞는 전처리 능력			
전·적 조리	전의 농도를 조절하는 능력			
	적을 색스럽게 꼬치에 끼우는 능력			
	메뉴에 따른 기름 온도 조절 능력			
	전·적을 익혀 조리하는 능력			
그릇 선택	메뉴에 어울리는 그릇을 선택하는 능력			
전·적 담아 완성	기름기를 제거하는 능력			
	음식의 온도를 유지하여 완성하는 능력			
	적에 고명을 올려 완성하는 능력			
	양념장을 곁들여 완성하는 능력			

학습자 완성품 사진

 요구사항

※ 주어진 재료를 사용하여 다음과 같이 섭산적을 만드시오.

가. 고기와 두부의 비율을 3:1 로 하시오.

나. 다져서 양념한 소고기는 크게 반대기를 지어 석쇠에 구우시오.

다. 완성된 섭산적은 0.7cm×2cm×2cm로 9개 이상 제출하시오.

섭산적

재료

- 소고기 우둔살 80g
- 두부 30g
- 잣 10개
- 식용유 30ml

고기양념

- 소금 1/2작은술
- 백설탕 1/2큰술
- 다진 대파 2작은술
- 다진 마늘 1작은술
- 참기름 1작은술
- 깨소금 1/2작은술
- 검은후춧가루 1/8작은술

만드는 법

재료 확인하기

1 소고기, 두부, 잣, 소금, 설탕, 대파 등 확인하기

사용할 도구 선택하기

2 석쇠, 프라이팬, 나무젓가락 등을 선택하여 준비한다.

재료 계량하기

3 각각의 재료 분량을 컵과 계량스푼, 저울로 계량하기

재료 준비하기

4 소고기 우둔살은 곱게 다지고 핏물을 제거한다.
5 두부는 면포에 싸서 물기를 제거하고 곱게 으깬다.
6 잣은 고깔을 떼고 마른 면포로 닦아 다진다.

조리하기

7 소고기와 두부를 함께 양념하고 끈기가 나도록 고루 치대어 섞는다.
8 도마에 양념한 고기를 얹어 두께 1cm 정도로 네모지게 만들어 윗면을 칼등으로 자근자근 두들긴다.
9 석쇠에 양념된 고기를 얹어 고루 익힌다.
10 2cm×2cm 크기로 썬다.

담아 완성하기

11 섭산적 담을 그릇을 선택한다.
12 섭산적은 따뜻하게 담아낸다. 잣가루로 고명을 한다.

| 평가자 체크리스트

학습내용	평가 항목	성취수준		
		상	중	하
전·적 재료 준비 및 계량	조리 특성에 맞는 도구 선택 능력			
	재료의 계량 능력			
전·적 재료 전처리	조리 방법에 맞는 전처리 능력			
전·적 조리	밀가루, 달걀 등의 재료를 섞어 반죽 물 농도를 조절하는 능력			
	조리의 종류에 따라 속 재료 및 혼합 재료 등을 만드는 능력			
	재료 특성에 따라 풍미 있게 지져 내는 능력			
	기름 온도를 조절하는 능력			
그릇 선택	그릇을 선택하는 능력			
전·적 담아 완성	전의 기름을 제거하여 담아 내는 능력			
	적에 고명을 올려 완성하는 능력			
	양념장을 곁들이는 능력			

| 서술형 시험

학습내용	평가 항목	성취수준		
		상	중	하
전·적 재료 준비 및 계량	- 조리 특성에 맞는 도구 선택 방법			
	- 재료의 계량 방법			
전·적 재료 전처리	- 조리 방법에 맞는 전처리 방법			
전·적 조리	- 기름의 종류와 특성에 대한 설명			
	- 사용 가능한 가루의 종류 및 특성 설명			
	- 전·적을 익히는 적절한 온도 조절 방법			
	- 전과 적의 차이점에 대한 설명			
그릇 선택	- 그릇을 선택하는 방법			
전·적 담아 완성	- 전과 적을 담는 방법			
	- 적의 고명의 종류 및 올려 완성하는 방법			
	- 곁들이는 양념장에 대한 설명			

작업장 평가

학습내용	평가 항목	성취수준		
		상	중	하
전·적 재료 준비 및 계량	조리 특성에 맞는 팬 또는 석쇠 등의 도구 선택 능력			
	재료의 계량 능력			
전·적 재료 전처리	조리 방법에 맞는 전처리 능력			
전·적 조리	전의 농도를 조절하는 능력			
	적을 색스럽게 꼬치에 끼우는 능력			
	메뉴에 따른 기름 온도 조절 능력			
	전·적을 익혀 조리하는 능력			
그릇 선택	메뉴에 어울리는 그릇을 선택하는 능력			
전·적 담아 완성	기름기를 제거하는 능력			
	음식의 온도를 유지하여 완성하는 능력			
	적에 고명을 올려 완성하는 능력			
	양념장을 곁들여 완성하는 능력			

학습자 완성품 사진

🍲 요구사항

※ 주어진 재료를 사용하여 다음과 같이 화양적을 만드시오.

가. 화양적은 0.6cm × 6cm × 6cm로 만드시오.

나. 달걀노른자로 지단을 만들어 사용하시오.

   (단, 달걀흰자 지단을 사용하는 경우 실격으로 처리됩니다.)

다. 화양적은 2꼬치를 만들고 잣가루를 고명으로 얹으시오.

화양적

재료

- 소고기 우둔살 50g
- 불린 표고버섯 1장
- 통도라지 1개
- 당근 50g
- 오이 1/2개
- 달걀 2개
- 식용유 3큰술
- 산적꼬치 2개
- 잣 10개

소금물

- 소금 1/2작은술
- 물 2컵

오이 절이기

- 소금 1/2작은술
- 물 4큰술

고기양념

- 진간장 1/2작은술
- 백설탕 1/2작은술
- 다진 대파 1/2작은술
- 다진 마늘 1/4작은술
- 참기름 1/2작은술
- 깨소금 1/4작은술
- 검은후춧가루 1/8작은술

만드는 법

재료 확인하기
1 소고기, 표고버섯, 통도라지, 당근, 오이, 달걀 등 확인하기

사용할 도구 선택하기
2 냄비, 프라이팬, 나무젓가락 등을 선택하여 준비한다.

재료 계량하기
3 각각의 재료 분량을 컵과 계량스푼, 저울로 계량하기

재료 준비하기
4 소고기는 힘줄과 기름을 제거하고 7cm×1cm×0.8cm 두께로 썰어 칼등으로 자근자근 두들긴다.
5 마른 표고버섯은 잘 불려 1cm 폭으로 길게 썬다.
6 통도라지, 당근은 6cm×1cm×0.6cm 크기로 썬다.
7 오이는 6cm×1cm×0.6cm 크기로 썰어 소금에 절였다가 물기를 짠다.

조리하기
8 소고기, 표고는 고기양념으로 버무린다.
9 썬 도라지, 당근은 끓는 소금물에 데쳐 찬물에 헹군다.
10 달걀은 0.6cm 두께의 황색으로 지단을 부쳐서 6cm×1cm 크기로 썬다.
11 데친 도라지와 당근은 팬에 기름을 두르고 살짝 볶아준다.
12 소고기는 팬에 식용유를 둘러 지진 다음 6cm 길이의 막대모양으로 썬다.
13 표고버섯은 팬에 볶는다.
14 산적꼬치에 준비한 재료들을 색스럽게 끼운다.
15 산적꼬치는 양끝을 1cm 정도 남기고 자른다.

담아 완성하기
16 화양적 담을 그릇을 선택한다.
17 화양적은 따뜻하게 담아낸다. 잣가루를 고명으로 얹는다.

학습 평가

| 평가자 체크리스트

학습내용	평가 항목	성취수준		
		상	중	하
전·적 재료 준비 및 계량	조리 특성에 맞는 도구 선택 능력			
	재료의 계량 능력			
전·적 재료 전처리	조리 방법에 맞는 전처리 능력			
전·적 조리	밀가루, 달걀 등의 재료를 섞어 반죽 물 농도를 조절하는 능력			
	조리의 종류에 따라 속 재료 및 혼합 재료 등을 만드는 능력			
	재료 특성에 따라 풍미 있게 지져 내는 능력			
	기름 온도를 조절하는 능력			
그릇 선택	그릇을 선택하는 능력			
전·적 담아 완성	전의 기름을 제거하여 담아 내는 능력			
	적에 고명을 올려 완성하는 능력			
	양념장을 곁들이는 능력			

| 서술형 시험

학습내용	평가 항목	성취수준		
		상	중	하
전·적 재료 준비 및 계량	– 조리 특성에 맞는 도구 선택 방법			
	– 재료의 계량 방법			
전·적 재료 전처리	– 조리 방법에 맞는 전처리 방법			
전·적 조리	– 기름의 종류와 특성에 대한 설명			
	– 사용 가능한 가루의 종류 및 특성 설명			
	– 전·적을 익히는 적절한 온도 조절 방법			
	– 전과 적의 차이점에 대한 설명			
그릇 선택	– 그릇을 선택하는 방법			
전·적 담아 완성	– 전과 적을 담는 방법			
	– 적의 고명의 종류 및 올려 완성하는 방법			
	– 곁들이는 양념장에 대한 설명			

작업장 평가

학습내용	평가 항목	성취수준		
		상	중	하
전·적 재료 준비 및 계량	조리 특성에 맞는 팬 또는 석쇠 등의 도구 선택 능력			
	재료의 계량 능력			
전·적 재료 전처리	조리 방법에 맞는 전처리 능력			
전·적 조리	전의 농도를 조절하는 능력			
	적을 색스럽게 꼬치에 끼우는 능력			
	메뉴에 따른 기름 온도 조절 능력			
	전·적을 익혀 조리하는 능력			
그릇 선택	메뉴에 어울리는 그릇을 선택하는 능력			
전·적 담아 완성	기름기를 제거하는 능력			
	음식의 온도를 유지하여 완성하는 능력			
	적에 고명을 올려 완성하는 능력			
	양념장을 곁들여 완성하는 능력			

학습자 완성품 사진

🍲 요구사항

※ 주어진 재료를 사용하여 다음과 같이 지짐누름적을 만드시오.

가. 각 재료는 0.6cm×1cm×6cm로 하시오.

나. 누름적의 수량은 2개를 제출하고, 꼬치는 빼서 제출하시오.

지짐누름적

재료

- 소고기 우둔살 50g
- 불린 표고버섯 1장
- 통도라지 1개
- 당근 50g
- 쪽파 2뿌리
- 밀가루 20g
- 달걀 1개
- 식용유 3큰술
- 산적꼬치 2개

소금물
- 소금 1/2작은술
- 물 2컵

고기양념
- 진간장 1/2큰술
- 백설탕 1/2큰술
- 다진 대파 1작은술
- 다진 마늘 1/2작은술
- 참기름 1/2작은술
- 깨소금 1/2작은술
- 검은후춧가루 1/8작은술

만드는 법

재료 확인하기
1 소고기, 표고버섯, 통도라지, 당근, 쪽파, 밀가루, 달걀 등 확인하기

사용할 도구 선택하기
2 냄비, 프라이팬, 나무젓가락 등을 선택하여 준비한다.

재료 계량하기
3 각각의 재료 분량을 컵과 계량스푼, 저울로 계량하기

재료 준비하기
4 소고기는 힘줄과 기름을 제거하고 7cm×1cm×0.8cm 두께로 썰어 칼등으로 자근자근 두들긴다.
5 표고버섯은 잘 불려 1cm 폭으로 길게 썬다.
6 통도라지, 당근은 6cm×1cm×0.6cm 크기로 썬다.
7 쪽파는 6cm로 썬다.

조리하기
8 끓는 소금물에 도라지, 당근을 데쳐 찬물에 헹군다.
9 데친 도라지와 당근은 팬에 기름을 두르고 살짝 볶아준다.
10 소고기, 표고는 고기양념으로 버무린다.
11 팬에 식용유를 두르고 소고기와 표고버섯을 지져 익힌다.
12 산적꼬치에 준비한 재료들을 색스럽게 끼운다.
13 꼬치 끼운 것의 앞뒤에 밀가루를 골고루 묻히고 달걀노른자 푼 것을 씌워 팬에 지져낸다.
14 한 김 식으면 산적꼬치를 뺀다.

담아 완성하기
15 지짐누름적 담을 그릇을 선택한다.
16 지짐누름적을 따뜻하게 담아낸다.

학습 평가

평가자 체크리스트

학습내용	평가 항목	성취수준		
		상	중	하
전·적 재료 준비 및 계량	조리 특성에 맞는 도구 선택 능력			
	재료의 계량 능력			
전·적 재료 전처리	조리 방법에 맞는 전처리 능력			
전·적 조리	밀가루, 달걀 등의 재료를 섞어 반죽 물 농도를 조절하는 능력			
	조리의 종류에 따라 속 재료 및 혼합 재료 등을 만드는 능력			
	재료 특성에 따라 풍미 있게 지져 내는 능력			
	기름 온도를 조절하는 능력			
그릇 선택	그릇을 선택하는 능력			
전·적 담아 완성	전의 기름을 제거하여 담아 내는 능력			
	적에 고명을 올려 완성하는 능력			
	양념장을 곁들이는 능력			

서술형 시험

학습내용	평가 항목	성취수준		
		상	중	하
전·적 재료 준비 및 계량	- 조리 특성에 맞는 도구 선택 방법			
	- 재료의 계량 방법			
전·적 재료 전처리	- 조리 방법에 맞는 전처리 방법			
전·적 조리	- 기름의 종류와 특성에 대한 설명			
	- 사용 가능한 가루의 종류 및 특성 설명			
	- 전·적을 익히는 적절한 온도 조절 방법			
	- 전과 적의 차이점에 대한 설명			
그릇 선택	- 그릇을 선택하는 방법			
전·적 담아 완성	- 전과 적을 담는 방법			
	- 적의 고명의 종류 및 올려 완성하는 방법			
	- 곁들이는 양념장에 대한 설명			

작업장 평가

학습내용	평가 항목	성취수준		
		상	중	하
전·적 재료 준비 및 계량	조리 특성에 맞는 팬 또는 석쇠 등의 도구 선택 능력			
	재료의 계량 능력			
전·적 재료 전처리	조리 방법에 맞는 전처리 능력			
전·적 조리	전의 농도를 조절하는 능력			
	적을 색스럽게 꼬치에 끼우는 능력			
	메뉴에 따른 기름 온도 조절 능력			
	전·적을 익혀 조리하는 능력			
그릇 선택	메뉴에 어울리는 그릇을 선택하는 능력			
전·적 담아 완성	기름기를 제거하는 능력			
	음식의 온도를 유지하여 완성하는 능력			
	적에 고명을 올려 완성하는 능력			
	양념장을 곁들여 완성하는 능력			

학습자 완성품 사진

▌일일 개인위생 점검표(입실준비)

점검 항목	착용 및 실시 여부	점검결과		
		양호	보통	미흡
조리모				
두발의 형태에 따른 손질(머리망 등)				
조리복 상의				
조리복 바지				
앞치마				
스카프				
안전화				
손톱의 길이 및 매니큐어 여부				
반지, 시계, 팔찌 등				
짙은 화장				
향수				
손 씻기				
상처유무 및 적절한 조치				
흰색 행주 지참				
사이드 타월				
개인용 조리도구				

점검일 : 년 월 일 이름 :

▌일일 위생 점검표(퇴실준비)

점검 항목	착용 및 실시 여부	점검결과		
		양호	보통	미흡
그릇, 기물 세척 및 정리정돈				
기계, 도구, 장비 세척 및 정리정돈				
작업대 청소 및 물기 제거				
가스레인지 또는 인덕션 청소				
양념통 정리				
남은 재료 정리정돈				
음식 쓰레기 처리				
개수대 청소				
수도 주변 및 세제 관리				
바닥 청소				
청소도구 정리정돈				
전기 및 Gas 체크				

점검일 : 년 월 일 이름 :

| 일일 개인위생 점검표(입실준비)

점검일 :   년   월   일   이름 :

점검 항목	착용 및 실시 여부	점검결과		
		양호	보통	미흡
조리모				
두발의 형태에 따른 손질(머리망 등)				
조리복 상의				
조리복 바지				
앞치마				
스카프				
안전화				
손톱의 길이 및 매니큐어 여부				
반지, 시계, 팔찌 등				
짙은 화장				
향수				
손 씻기				
상처유무 및 적절한 조치				
흰색 행주 지참				
사이드 타월				
개인용 조리도구				

| 일일 위생 점검표(퇴실준비)

점검일 :   년   월   일   이름 :

점검 항목	착용 및 실시 여부	점검결과		
		양호	보통	미흡
그릇, 기물 세척 및 정리정돈				
기계, 도구, 장비 세척 및 정리정돈				
작업대 청소 및 물기 제거				
가스레인지 또는 인덕션 청소				
양념통 정리				
남은 재료 정리정돈				
음식 쓰레기 처리				
개수대 청소				
수도 주변 및 세제 관리				
바닥 청소				
청소도구 정리정돈				
전기 및 Gas 체크				

일일 개인위생 점검표(입실준비)

점검 항목	착용 및 실시 여부	점검결과		
		양호	보통	미흡
조리모				
두발의 형태에 따른 손질(머리망 등)				
조리복 상의				
조리복 바지				
앞치마				
스카프				
안전화				
손톱의 길이 및 매니큐어 여부				
반지, 시계, 팔찌 등				
짙은 화장				
향수				
손 씻기				
상처유무 및 적절한 조치				
흰색 행주 지참				
사이드 타월				
개인용 조리도구				

점검일 : 년 월 일 이름 :

일일 위생 점검표(퇴실준비)

점검 항목	착용 및 실시 여부	점검결과		
		양호	보통	미흡
그릇, 기물 세척 및 정리정돈				
기계, 도구, 장비 세척 및 정리정돈				
작업대 청소 및 물기 제거				
가스레인지 또는 인덕션 청소				
양념통 정리				
남은 재료 정리정돈				
음식 쓰레기 처리				
개수대 청소				
수도 주변 및 세제 관리				
바닥 청소				
청소도구 정리정돈				
전기 및 Gas 체크				

점검일 : 년 월 일 이름 :

| 일일 개인위생 점검표(입실준비)

점검 항목	착용 및 실시 여부	점검결과		
		양호	보통	미흡
조리모				
두발의 형태에 따른 손질(머리망 등)				
조리복 상의				
조리복 바지				
앞치마				
스카프				
안전화				
손톱의 길이 및 매니큐어 여부				
반지, 시계, 팔찌 등				
짙은 화장				
향수				
손 씻기				
상처유무 및 적절한 조치				
흰색 행주 지참				
사이드 타월				
개인용 조리도구				

점검일 :   년   월   일   이름 :

| 일일 위생 점검표(퇴실준비)

점검 항목	착용 및 실시 여부	점검결과		
		양호	보통	미흡
그릇, 기물 세척 및 정리정돈				
기계, 도구, 장비 세척 및 정리정돈				
작업대 청소 및 물기 제거				
가스레인지 또는 인덕션 청소				
양념통 정리				
남은 재료 정리정돈				
음식 쓰레기 처리				
개수대 청소				
수도 주변 및 세제 관리				
바닥 청소				
청소도구 정리정돈				
전기 및 Gas 체크				

점검일 :   년   월   일   이름 :

▎일일 개인위생 점검표(입실준비)

점검일 :　　년　월　일　　이름 :

점검 항목	착용 및 실시 여부	점검결과		
		양호	보통	미흡
조리모				
두발의 형태에 따른 손질(머리망 등)				
조리복 상의				
조리복 바지				
앞치마				
스카프				
안전화				
손톱의 길이 및 매니큐어 여부				
반지, 시계, 팔찌 등				
짙은 화장				
향수				
손 씻기				
상처유무 및 적절한 조치				
흰색 행주 지참				
사이드 타월				
개인용 조리도구				

▎일일 위생 점검표(퇴실준비)

점검일 :　　년　월　일　　이름 :

점검 항목	착용 및 실시 여부	점검결과		
		양호	보통	미흡
그릇, 기물 세척 및 정리정돈				
기계, 도구, 장비 세척 및 정리정돈				
작업대 청소 및 물기 제거				
가스레인지 또는 인덕션 청소				
양념통 정리				
남은 재료 정리정돈				
음식 쓰레기 처리				
개수대 청소				
수도 주변 및 세제 관리				
바닥 청소				
청소도구 정리정돈				
전기 및 Gas 체크				

일일 개인위생 점검표(입실준비)

점검일 :　년　월　일　　이름 :

점검 항목	착용 및 실시 여부	점검결과		
		양호	보통	미흡
조리모				
두발의 형태에 따른 손질(머리망 등)				
조리복 상의				
조리복 바지				
앞치마				
스카프				
안전화				
손톱의 길이 및 매니큐어 여부				
반지, 시계, 팔찌 등				
짙은 화장				
향수				
손 씻기				
상처유무 및 적절한 조치				
흰색 행주 지참				
사이드 타월				
개인용 조리도구				

일일 위생 점검표(퇴실준비)

점검일 :　년　월　일　　이름 :

점검 항목	착용 및 실시 여부	점검결과		
		양호	보통	미흡
그릇, 기물 세척 및 정리정돈				
기계, 도구, 장비 세척 및 정리정돈				
작업대 청소 및 물기 제거				
가스레인지 또는 인덕션 청소				
양념통 정리				
남은 재료 정리정돈				
음식 쓰레기 처리				
개수대 청소				
수도 주변 및 세제 관리				
바닥 청소				
청소도구 정리정돈				
전기 및 Gas 체크				

일일 개인위생 점검표(입실준비)

점검 항목	착용 및 실시 여부	점검결과		
	점검일 : 년 월 일 이름 :	양호	보통	미흡
조리모				
두발의 형태에 따른 손질(머리망 등)				
조리복 상의				
조리복 바지				
앞치마				
스카프				
안전화				
손톱의 길이 및 매니큐어 여부				
반지, 시계, 팔찌 등				
짙은 화장				
향수				
손 씻기				
상처유무 및 적절한 조치				
흰색 행주 지참				
사이드 타월				
개인용 조리도구				

일일 위생 점검표(퇴실준비)

점검 항목	착용 및 실시 여부	점검결과		
	점검일 : 년 월 일 이름 :	양호	보통	미흡
그릇, 기물 세척 및 정리정돈				
기계, 도구, 장비 세척 및 정리정돈				
작업대 청소 및 물기 제거				
가스레인지 또는 인덕션 청소				
양념통 정리				
남은 재료 정리정돈				
음식 쓰레기 처리				
개수대 청소				
수도 주변 및 세제 관리				
바닥 청소				
청소도구 정리정돈				
전기 및 Gas 체크				

▌일일 개인위생 점검표(입실준비)

점검일 :　년　월　일　　이름 :

점검 항목	착용 및 실시 여부	점검결과		
		양호	보통	미흡
조리모				
두발의 형태에 따른 손질(머리망 등)				
조리복 상의				
조리복 바지				
앞치마				
스카프				
안전화				
손톱의 길이 및 매니큐어 여부				
반지, 시계, 팔찌 등				
짙은 화장				
향수				
손 씻기				
상처유무 및 적절한 조치				
흰색 행주 지참				
사이드 타월				
개인용 조리도구				

▌일일 위생 점검표(퇴실준비)

점검일 :　년　월　일　　이름 :

점검 항목	착용 및 실시 여부	점검결과		
		양호	보통	미흡
그릇, 기물 세척 및 정리정돈				
기계, 도구, 장비 세척 및 정리정돈				
작업대 청소 및 물기 제거				
가스레인지 또는 인덕션 청소				
양념통 정리				
남은 재료 정리정돈				
음식 쓰레기 처리				
개수대 청소				
수도 주변 및 세제 관리				
바닥 청소				
청소도구 정리정돈				
전기 및 Gas 체크				

일일 개인위생 점검표(입실준비)

점검 항목	착용 및 실시 여부	점검결과		
		양호	보통	미흡
조리모				
두발의 형태에 따른 손질(머리망 등)				
조리복 상의				
조리복 바지				
앞치마				
스카프				
안전화				
손톱의 길이 및 매니큐어 여부				
반지, 시계, 팔찌 등				
짙은 화장				
향수				
손 씻기				
상처유무 및 적절한 조치				
흰색 행주 지참				
사이드 타월				
개인용 조리도구				

점검일 : 년 월 일 이름 :

일일 위생 점검표(퇴실준비)

점검 항목	착용 및 실시 여부	점검결과		
		양호	보통	미흡
그릇, 기물 세척 및 정리정돈				
기계, 도구, 장비 세척 및 정리정돈				
작업대 청소 및 물기 제거				
가스레인지 또는 인덕션 청소				
양념통 정리				
남은 재료 정리정돈				
음식 쓰레기 처리				
개수대 청소				
수도 주변 및 세제 관리				
바닥 청소				
청소도구 정리정돈				
전기 및 Gas 체크				

점검일 : 년 월 일 이름 :

일일 개인위생 점검표(입실준비)

점검일 :　　년　월　일　　　이름 :

점검 항목	착용 및 실시 여부	점검결과		
		양호	보통	미흡
조리모				
두발의 형태에 따른 손질(머리망 등)				
조리복 상의				
조리복 바지				
앞치마				
스카프				
안전화				
손톱의 길이 및 매니큐어 여부				
반지, 시계, 팔찌 등				
짙은 화장				
향수				
손 씻기				
상처유무 및 적절한 조치				
흰색 행주 지참				
사이드 타월				
개인용 조리도구				

일일 위생 점검표(퇴실준비)

점검일 :　　년　월　일　　　이름 :

점검 항목	착용 및 실시 여부	점검결과		
		양호	보통	미흡
그릇, 기물 세척 및 정리정돈				
기계, 도구, 장비 세척 및 정리정돈				
작업대 청소 및 물기 제거				
가스레인지 또는 인덕션 청소				
양념통 정리				
남은 재료 정리정돈				
음식 쓰레기 처리				
개수대 청소				
수도 주변 및 세제 관리				
바닥 청소				
청소도구 정리정돈				
전기 및 Gas 체크				

일일 개인위생 점검표(입실준비)

점검일 : 　 년 　 월 　 일 　 이름 :

점검 항목	착용 및 실시 여부	점검결과		
		양호	보통	미흡
조리모				
두발의 형태에 따른 손질(머리망 등)				
조리복 상의				
조리복 바지				
앞치마				
스카프				
안전화				
손톱의 길이 및 매니큐어 여부				
반지, 시계, 팔찌 등				
짙은 화장				
향수				
손 씻기				
상처유무 및 적절한 조치				
흰색 행주 지참				
사이드 타월				
개인용 조리도구				

일일 위생 점검표(퇴실준비)

점검일 : 　 년 　 월 　 일 　 이름 :

점검 항목	착용 및 실시 여부	점검결과		
		양호	보통	미흡
그릇, 기물 세척 및 정리정돈				
기계, 도구, 장비 세척 및 정리정돈				
작업대 청소 및 물기 제거				
가스레인지 또는 인덕션 청소				
양념통 정리				
남은 재료 정리정돈				
음식 쓰레기 처리				
개수대 청소				
수도 주변 및 세제 관리				
바닥 청소				
청소도구 정리정돈				
전기 및 Gas 체크				

일일 개인위생 점검표(입실준비)

점검일 : 　년　월　일　　이름 :

점검 항목	착용 및 실시 여부	점검결과		
		양호	보통	미흡
조리모				
두발의 형태에 따른 손질(머리망 등)				
조리복 상의				
조리복 바지				
앞치마				
스카프				
안전화				
손톱의 길이 및 매니큐어 여부				
반지, 시계, 팔찌 등				
짙은 화장				
향수				
손 씻기				
상처유무 및 적절한 조치				
흰색 행주 지참				
사이드 타월				
개인용 조리도구				

일일 위생 점검표(퇴실준비)

점검일 : 　년　월　일　　이름 :

점검 항목	착용 및 실시 여부	점검결과		
		양호	보통	미흡
그릇, 기물 세척 및 정리정돈				
기계, 도구, 장비 세척 및 정리정돈				
작업대 청소 및 물기 제거				
가스레인지 또는 인덕션 청소				
양념통 정리				
남은 재료 정리정돈				
음식 쓰레기 처리				
개수대 청소				
수도 주변 및 세제 관리				
바닥 청소				
청소도구 정리정돈				
전기 및 Gas 체크				

일일 개인위생 점검표(입실준비)

점검일 :   년   월   일   이름 :

점검 항목	착용 및 실시 여부	점검결과		
		양호	보통	미흡
조리모				
두발의 형태에 따른 손질(머리망 등)				
조리복 상의				
조리복 바지				
앞치마				
스카프				
안전화				
손톱의 길이 및 매니큐어 여부				
반지, 시계, 팔찌 등				
짙은 화장				
향수				
손 씻기				
상처유무 및 적절한 조치				
흰색 행주 지참				
사이드 타월				
개인용 조리도구				

일일 위생 점검표(퇴실준비)

점검일 :   년   월   일   이름 :

점검 항목	착용 및 실시 여부	점검결과		
		양호	보통	미흡
그릇, 기물 세척 및 정리정돈				
기계, 도구, 장비 세척 및 정리정돈				
작업대 청소 및 물기 제거				
가스레인지 또는 인덕션 청소				
양념통 정리				
남은 재료 정리정돈				
음식 쓰레기 처리				
개수대 청소				
수도 주변 및 세제 관리				
바닥 청소				
청소도구 정리정돈				
전기 및 Gas 체크				

일일 개인위생 점검표(입실준비)

점검일 : 년 월 일   이름 :

점검 항목	착용 및 실시 여부	점검결과		
		양호	보통	미흡
조리모				
두발의 형태에 따른 손질(머리망 등)				
조리복 상의				
조리복 바지				
앞치마				
스카프				
안전화				
손톱의 길이 및 매니큐어 여부				
반지, 시계, 팔찌 등				
짙은 화장				
향수				
손 씻기				
상처유무 및 적절한 조치				
흰색 행주 지참				
사이드 타월				
개인용 조리도구				

일일 위생 점검표(퇴실준비)

점검일 : 년 월 일   이름 :

점검 항목	착용 및 실시 여부	점검결과		
		양호	보통	미흡
그릇, 기물 세척 및 정리정돈				
기계, 도구, 장비 세척 및 정리정돈				
작업대 청소 및 물기 제거				
가스레인지 또는 인덕션 청소				
양념통 정리				
남은 재료 정리정돈				
음식 쓰레기 처리				
개수대 청소				
수도 주변 및 세제 관리				
바닥 청소				
청소도구 정리정돈				
전기 및 Gas 체크				

저자 소개

한혜영

현) 충북도립대학교 조리제빵과 교수
　　어린이급식관리지원센터 센터장
· 세종대학교 조리외식경영학전공 조리학 박사
· 숙명여자대학교 전통식생활문화전공 석사
· 조리기능장
· Le Cordon bleu (France, Australia) 연수
· The Culinary Institute of America 연수
· Cursos de cocina espanola en sevilla (Spain) 연수
· Italian Culinary Institute For Foreigner 연수
· 롯데호텔 서울
· 인터컨티넨탈 호텔 서울
· 떡제조기능사, 조리산업기사, 조리기능장 출제위원 및 심사위원
· 한국외식산업학회 이사
· 농림축산식품부장관상, 식약처장상, 해양수산부장관상,
　산림청장상
· 대전지방식품의약품안전청장상, 충북도지사상
· KBS 비타민, 위기탈출넘버원
· 한혜영 교수의 재미있고 맛있는 음식이야기 CJB 라디오
　청주방송
· SBS 모닝와이드
· MBC 생방송오늘아침 등
· 파리, 대만, 홍콩, 알제리, 카타르, 싱가포르, 상해, 터키, 리옹,
　라스베이거스, 요르단, 쿠웨이트, 터키, 말레이시아, 미국, 오만,
　에콰도르, 파나마, 카타르, 몽골, 체코, 브라질, 네덜란드, 호주,
　일본 등 대사관 초청 한국음식 강의 및 홍보행사
· 순창, 임실, 옥천, 밀양, 화천, 봉화, 진천, 태백, 경주, 서산, 충주,
　양양, 옹진, 성주, 이천 등 메뉴개발 및 강의

저서
· 한혜영의 한국음식, 효일출판사, 2013
· NCS 자격검정을 위한 한식조리 12권, 백산출판사, 2016
· NCS 자격검정을 위한 한식기초조리실무, 백산출판사, 2017
· NCS 자격검정을 위한 알기쉬운 한식조리, 백산출판사, 2017
· NCS 한식조리실무, 백산출판사, 2017
· 조리사가 꼭 알아야 할 단체급식, 백산출판사, 2018
· 양식조리 NCS학습모듈 공동 집필 8권, 한국직업능력개발원,
　2018
· 동남아요리, 백산출판사, 2019
· 떡제조기능사, 비앤씨월드, 2020
· 푸드스타일링 실습, 충북도립대학교, 2020

박선옥

현) 충북도립대학교 조리제빵과 겸임교수
　　인천재능대학교 호텔외식조리과 겸임교수
전) 우송정보대학교 외식조리과 외래교수
　　세종대학교 외식경영학과 외래교수
· 조리기능장
· 한국소울푸드연구소 대표
· 세종대학교 조리외식경영학과 박사과정
· 주 그리스 대한민국대사관 조리사
· 아름다운 우리 떡 은상 (한국관광공사)

성기협

현) 대림대학교 호텔조리과 교수
· 서울, 경기지역 조리 실기시험(일식, 복어) 감독위원
· 커피조리사 자격검정위원
· 세종대학교 호텔경영학과 졸업
· 세종대학교 조리외식경영학과 석·박사 졸업(조리학 박사)
· 신안산대학교, 김포대학교, 충청대학교, 신흥대학교,
　경민대학교, 국제요리학교, 세종대학교, 한경대학교,
　수원과학대학교 외래교수
· 전국일본요리경연대회 최우수상 수상
· 알래스카요리경연대회 본선 입상
· 홍콩국제요리대회 Black Box부문 은메달 수상
· 서울국제요리대회 단체전 및 개인전 금메달, 은메달,
　동메달 수상
· 일본 동경 게이오프라자호텔 연수
· 서울프라자호텔 조리팀 근무

신은채

현) 동원과학기술대학교 호텔외식조리과 교수
　　양산시 시설관리공단 〈숲애서〉 자문위원장
· 한식조리기능사, 조리산업기사 감독위원
· 세종대학교 식품영양학과 이학사
· 서울대학교 보건대학원 보건학 석사
· 동아대학교 식품영양학과 이학박사
· 한식세계화 한식전문조리인력양성과정장
· 채널A 먹거리 X파일 착한식당 검증단

저자와의
합의하에
인지첩부
생략

한식조리 전·적

2022년 3월 5일 초판 1쇄 인쇄
2022년 3월 10일 초판 1쇄 발행

지은이 한혜영·박선옥·성기협·신은채
펴낸이 진욱상
펴낸곳 (주)백산출판사
교 정 박시내
본문디자인 신화정
표지디자인 오정은

등 록 2017년 5월 29일 제406-2017-000058호
주 소 경기도 파주시 회동길 370(백산빌딩 3층)
전 화 02-914-1621(代)
팩 스 031-955-9911
이메일 edit@ibaeksan.kr
홈페이지 www.ibaeksan.kr

ISBN 979-11-6567-472-4 93590
값 14,000원

● 파본은 구입하신 서점에서 교환해 드립니다.
● 저작권법에 의해 보호를 받는 저작물이므로 무단전재와 복제를 금합니다.
  이를 위반시 5년 이하의 징역 또는 5천만원 이하의 벌금에 처하거나 이를 병과할 수 있습니다.